Sylvester Sonson Joseph

O papel dos avaliadores de quantidade num ambiente empresarial em mudança

Sylvester Sonson Joseph

O papel dos avaliadores de quantidade num ambiente empresarial em mudança

Perspetiva de São Lucian

ScienciaScripts

Cover image: www.ingimage.com

This book is a translation from the original published under ISBN 978-620-2-09508-2.

Publisher:
Sciencia Scripts
is a trademark of
Dodo Books Indian Ocean Ltd. and OmniScriptum S.R.L publishing group

120 High Road, East Finchley, London, N2 9ED, United Kingdom
Str. Armeneasca 28/1, office 1, Chisinau MD-2012, Republic of Moldova, Europe
Printed at: see last page
ISBN: 978-620-7-97613-3

ÍNDICE DE CONTEÚDOS

RESUMO

O sector da construção é um dos principais sectores em Santa Lúcia, fornecendo as infra-estruturas e os edifícios de que dependem todos os outros sectores da economia. Proporciona oportunidades de emprego a trabalhadores qualificados e não qualificados. Os avaliadores de quantidades desempenham um papel vital na indústria da construção e no ambiente construído em termos de avaliação, gestão e controlo dos custos dos projectos, o que tem sido documentado em muita literatura no domínio da construção. O estudo tem como objetivo avaliar a evolução do papel dos profissionais de levantamento de quantidades (QSP) no ambiente empresarial, as forças no ambiente empresarial que têm impacto no seu papel e prática, as oportunidades e ameaças externas, as capacidades estratégicas e as estratégias que pretendem utilizar para obter vantagens competitivas e melhorar o seu desempenho empresarial. Por conseguinte, o estudo considerou as funções dos técnicos de levantamento de quantidades no contexto do ambiente empresarial atual e previsto, a capacidade estratégica e a estratégia (perspetiva de Ansoff, 1979), a fim de melhorar o desempenho.

Na investigação, foram utilizados dois métodos para a recolha de dados primários. Em primeiro lugar, entrevistas a profissionais experientes em levantamento de quantidades, que forneceram os dados qualitativos para análise. O inquérito por questionário é o método seguinte, que fornece os dados qualitativos. Envolveu um inquérito alargado aos profissionais de medições registados no Institute of Surveyors (Santa Lúcia) em Santa Lúcia, tendo sido obtida uma taxa de resposta global de 76,5%.

Os resultados da investigação revelaram o seguinte: os QSPs em Santa Lúcia confirmaram que a profissão de levantamento de quantidades (QS) e as suas funções estão a mudar, mas embora a um ritmo lento; os QSPs ainda estão profundamente enraizados na função tradicional; as funções evoluídas foram moderadamente aceites, a quantificação e o cálculo dos custos das obras de construção e o controlo financeiro do projeto e a elaboração de relatórios são as duas principais funções dos QSPs em Santa Lúcia. As direcções futuras (áreas de crescimento) da prática de QS foram consideradas em grande parte nas funções emergentes, em particular a gestão BIM e a avaliação do custo de toda a vida. Os QSPs classificaram como as oportunidades mais importantes a especialização tradicional em QS, o desenvolvimento de novas aptidões e competências e a diversificação para áreas de construção relacionadas. As três ameaças mais graves são a recessão económica, a falta de rentabilidade e outros profissionais que prestam serviços tradicionais de SQ. A estratégia baseada em competências é considerada a estratégia mais importante a seguir.

O estudo conclui que os PSQ em Santa Lúcia consideram que devem utilizar as suas competências essenciais tradicionais e desenvolver novas competências nalgumas áreas, ou seja, utilizar uma abordagem baseada em competências, tal como articulada por Nhado (2000) e, em certa medida, uma abordagem de capacidade dinâmica defendida por Teece, Pisano e Shuen (1997) para dar resposta a um ambiente empresarial em rápida mutação.

Os resultados da investigação dão um contributo importante para a lacuna significativa de conhecimentos existente no sector da construção.

Key words: *Indústria da construção, Santa Lúcia, Avaliadores de quantidades, Ambiente empresarial, Capacidades estratégicas, Estratégia, Competências.*

RECONHECIMENTO

Gostaria de expressar os meus mais profundos e sinceros agradecimentos a:

- Em primeiro lugar, ao meu orientador, Dr. Udayangani Kulatunga, por me ter dado uma orientação, conselhos e apoio inestimáveis na realização desta dissertação;

- Em segundo lugar, todos os profissionais de levantamento de quantidades que tiraram tempo das suas agendas ocupadas para participar no estudo de investigação. É imperativo registar que este estudo não teria sido possível sem o seu envolvimento.

- Em terceiro lugar, a minha família e amigos, pelo seu encorajamento e assistência ao longo deste estudo.

- Por último, à equipa responsável pela dissertação da Universidade de Salford, que prestou um apoio considerável durante a realização deste estudo.

LISTA DE ABREVIATURAS

ACCA	The Association of Chartered Certified Accountants
APC	Assessment of professional competence
BIM	Building Information Management
CAD	Computer Aided Drawing/Design
CIPFA	Chartered Institute of Public Finance and Accountancy
CPD	Continuing Professional Development
EA	Environmental Analysis
GOSL	Government of St. Lucia
GDP	Gross Domestic Product
IT	Information Technology
ICT	Information and Communication Technology
QS	Quantity Surveying/Surveyor
QSP	Quantity Surveying Practitioner/Professional
RICS	Royal Institute of Charted Surveyors
SWOT	Strength, Weaknesses, Opportunities and Threats
TQM	Total Quality Management
R&D	Research and Development
UoS	University of Salford
VAT	Value Added Tax

1. Introdução

1.1. Antecedentes da investigação

O sector da construção é um dos principais sectores em Santa Lúcia, fornecendo as infra-estruturas e os edifícios dos quais dependem todos os outros sectores da economia. De acordo com o Governo de Santa Lúcia (2013), o sector da construção representou cerca de 9,3% do PIB em 2012, um valor inferior ao de 2011, que foi de 9,8%. A indústria/sector da construção gera emprego e constitui uma fonte fiável de receitas para o governo. A indústria/sector da construção sofreu uma grave contração em resultado da crise financeira global e do enorme e persistente défice orçamental do governo. Os técnicos de medição de quantidades (QSP) em Santa Lúcia desempenham um papel importante na gestão financeira e de custos dos projectos no âmbito da indústria/sector da construção. A contração da economia tornou o papel dos QSP mais importante do que antes. Devem ter a capacidade de gerir eficazmente os custos, equacionando a qualidade e o valor com as necessidades individuais dos clientes (RICS, 2008).

O ambiente empresarial em Santa Lúcia está a tornar-se cada vez mais competitivo e dinâmico em resultado do impacto da crise financeira mundial. Para além da crise financeira e económica, as mudanças nas exigências dos clientes e as forças políticas alteraram o papel dos PSQ em Santa Lúcia, embora a um ritmo lento. Por conseguinte, precisam de analisar constantemente o seu ambiente de negócios, a fim de discernir novas direcções e adaptar as mudanças no seu papel e prática profissionais, tal como sugerido por Frei e Mbachu (2009). Sem analisar e discernir o ambiente em que operam, os PSQ correm o risco de ficar à deriva estratégica. Johnson e Scholes (2002, p.81) afirmam que "a deriva estratégica ocorre quando as estratégias da organização estão a afastar-se gradualmente da relevância das forças em ação no seu ambiente". Do mesmo modo, Hannagan (2007) sugere que a deriva estratégica ocorre quando a estratégia atual da organização se afasta cada vez mais da estratégia necessária para o sucesso. Além disso, a deriva estratégica é "o fosso crescente entre a estratégia que está a ser implementada e uma estratégia adequada ao ambiente alterado" (White, 2004, p.810). Isto significa que as estratégias dos PSQ não conseguem acompanhar as mudanças no ambiente empresarial porque adoptam mudanças incrementais ou não alteram as suas capacidades ou o âmbito do negócio, o que pode levar a uma quebra significativa do desempenho e, potencialmente, ao desaparecimento das suas práticas. A figura 1.1 abaixo ilustra a deriva estratégica organizacional.

Figura 1.1 Desvio Estratégico Organizacional

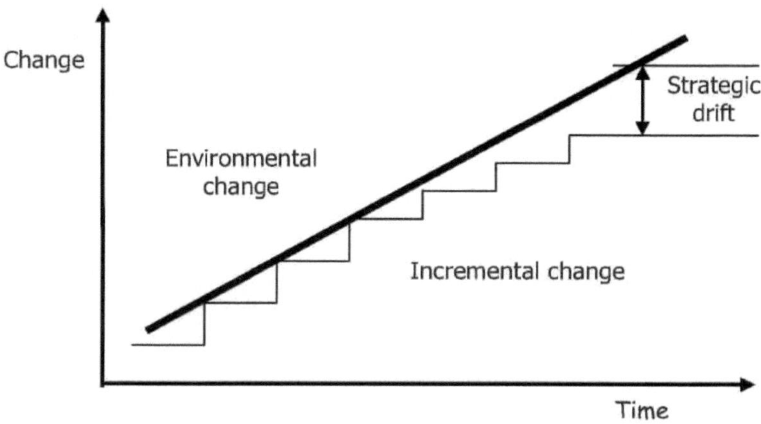

Fonte: Hannagan, T. (2005; 2007).

A análise ambiental permite que os QSPs identifiquem oportunidades e ameaças estratégicas (David, 2011) que têm impacto na sua prática e no seu papel. Algumas das principais ameaças potenciais à prática da SQ incluem a recessão económica (Frei, 2010), a falta de rentabilidade (Boon, 2008) e outros profissionais que prestam serviços tradicionais de SQ (Smith, 2004). No entanto, existem oportunidades para os profissionais de SQ aproveitarem, tais como a manutenção e a melhoria dos seus conhecimentos em matéria de SQ e a aquisição de novas aptidões e competências, a fim de satisfazerem as necessidades dos clientes e do mercado.

O papel dos avaliadores de quantidade em Santa Lúcia está ancorado nas competências tradicionais de QS e, ao mesmo tempo, tem sido lentamente alargado para incluir competências não tradicionais para satisfazer as necessidades e garantir a sua relevância contínua no sector da construção. Também precisam de identificar oportunidades e ameaças ambientais e, de acordo com isso, desenvolver e implementar estratégias para adequar as suas competências às oportunidades e ameaças no ambiente empresarial. Podem adotar uma combinação de estratégias, incluindo diversificação de serviços, estratégia competitiva e estratégia de colaboração e estratégia inovadora.

1.2. Finalidade e objectivos da investigação

O principal objetivo da investigação é avaliar o impacto das alterações ambientais na indústria da construção/ambiente construído em relação ao papel da QS em Santa Lúcia. A fim de atingir este objetivo da investigação, devem ser alcançados os seguintes objectivos

1. Avaliar a evolução do papel dos avaliadores de quantidades no ambiente construído/indústria da construção;

2. Identificar e avaliar as forças ambientais e os seus efeitos sobre os técnicos de medição e a profissão em Santa Lúcia;

3. Identificar e avaliar as principais ameaças e oportunidades com que se defrontam os QSs e a profissão em Santa Lúcia;

4. Identificar as estratégias que os QSs poderiam adotar para responder às oportunidades e ameaças externas e as suas capacidades estratégicas para moldar o seu papel futuro.

1.3. Justificação do estudo de investigação

O papel tradicional dos avaliadores de quantidades já não é adequado no ambiente atual. Foi identificado que as necessidades crescentes e em mudança dos clientes, dos mercados e da indústria (Ashworth et al., 2013), a intensidade da concorrência, os avanços nas Tecnologias de Informação e Comunicação (TIC) (Musa et al. 2010), e a globalização dos mercados da construção (Smith, 2004; Hore et al., 2009) representam ameaças ao papel tradicional dos PSQ e outras ameaças para eles, e proporcionam-lhes oportunidades de negócio dentro e fora dos limites da indústria da construção. Consequentemente, o papel do PSQ mudou ao longo dos anos, passando da prestação apenas de serviços tradicionais para a prestação de serviços tradicionais e não tradicionais (contemporâneos), a fim de se adaptar ao ambiente empresarial em mudança. Os PQS devem desenvolver e adaptar as suas competências de modo a tirar partido das oportunidades e minimizar o impacto de quaisquer ameaças identificadas no ambiente empresarial (Johnson e Scholes, 2002). No entanto, alguns autores (Hore et al., 2009; Said at el. 2010; Fanous, 2012) concluíram que as práticas de SQP ainda estão profundamente enraizadas nos papéis tradicionais, em vez de adoptarem competências mais recentes e mais inovadoras no âmbito do papel não tradicional.

A literatura existente no domínio da avaliação de quantidades mostra que tem havido uma quantidade significativa de estudos sobre o papel dos avaliadores de quantidades e as práticas de avaliação de quantidades (RICS, 1971, 1991, 1998; Frei e Mbachu, 2009). Tanto quanto é do conhecimento do autor, até à data, foram realizados muito poucos estudos sobre o papel e outras áreas no domínio da avaliação quantitativa em Santa Lúcia. Este estudo é, portanto, motivado para preencher esta lacuna de investigação e fornecer um conhecimento inestimável aos profissionais de construção locais e internacionais, aos académicos e ao público para melhor compreenderem o papel dos profissionais de levantamento de quantidades (QSPs) no ambiente empresarial em rápida mudança.

st Outra justificação para o estudo do papel dos QSPs em Santa Lúcia é que o avaliador de quantidades do século XXI deve agora, mais do que nunca, adotar uma abordagem de gestão estratégica sistemática para definir (ou redefinir) o seu papel no seu ambiente operacional. No entanto, uma abordagem de gestão estratégica sistemática não é totalmente adoptada nas práticas de QS, em particular nas práticas mais pequenas, dado o ambiente turbulento em que operam (Murphy, 2011, 2013). Por conseguinte, os PSQ podem não ter uma compreensão holística ou boa do ambiente empresarial que afecta o seu papel. Por conseguinte, o objetivo deste estudo é colmatar esta lacuna, investigando empiricamente o papel dos PSQ no contexto do seu ambiente empresarial.

Por conseguinte, os PSQ devem, em primeiro lugar, empenhar-se em discernir e analisar os ambientes empresariais internos e externos para identificar os seus pontos fortes e fracos, bem como as oportunidades e ameaças ambientais (Langford e Male, 2001; David, 2011). Os pontos fortes e fracos emanam da cultura, da estrutura e dos sistemas organizacionais (Wheelen e Hunger, 2012), e das competências; enquanto as oportunidades e ameaças podem ter origem em clientes, fornecedores, concorrentes, governo e muitas outras fontes (Johnannesson e Palona, 2010).

Subsequentemente, os PSQs devem utilizar as análises resultantes (por exemplo, PESTEL/SWOT) para avaliar as suas estratégias actuais, definir novas ou redefinir as suas estratégias actuais e gerar diferentes opções estratégicas que irão corresponder às forças internas identificadas (por exemplo, competências) e fraquezas com oportunidades e ameaças ambientais (Johnson et al., 2008; David, 2011) para ganhar e manter vantagens competitivas, melhorar e sustentar o seu desempenho empresarial e, consequentemente, levar à realização dos seus objectivos estratégicos (Campbell, Stonehouse e Houston, 2002). Além disso, os QSPs precisam de avaliar e selecionar opções estratégicas adequadas que se concentrem nas aptidões e competências necessárias ao mercado e à indústria da construção para melhorar o seu desempenho empresarial. A tabela 1.1 mostra a abordagem de gestão estratégica sistemática para os papéis em mudança dos QSPs no ambiente de negócios.

Quadro 1.1 Abordagem de gestão estratégica à evolução do papel dos PSQ

Dimensões	**Análise do ambiente empresarial**		**Formulação de estratégias**	**Desempenho**
Identificação & Formulação.	**Interno**	**Externo**	Missão; Metas e Objectivos; **Opções estratégicas**: estratégias genéricas, grandiosas e de variação	Prioridades estratégicas; Medidas e objectivos.
	Competências; Recursos	PESTEL; Ambiente competitivo		
Ferramentas de auditoria e análise.	Auditoria de recursos; análise da cadeia de valor; matriz de avaliação dos factores internos (IFE); análise organizacional; análise **SWOT**.	Análise PESTEL; modelo das Cinco Forças de Porter; segmentação do mercado; análise de grupos estratégicos; Análise **SWOT**.	Análise SWOT; Análise da cadeia de valor; Análise do grupo estratégico; Análise das lacunas.	Sistemas de medição do desempenho; Benchmarking; Análise de lacunas.
Resultados ou efeitos.	Pontos fortes e fracos (SW)	Oportunidades e ameaças (OT).	SWOT (por exemplo, competências); Orientação estratégica e perspectivas; questões-chave e factores de mudança; factores-chave de sucesso; estratégias preferidas.	Real; Avaliação/revisão: lacunas ou objectivos superiores; Feedback/aprendizagem; Melhorias; Vantagem competitiva.

Fontes: Johnson e Scholes, 1999, 2002; CIPFA, 2002; David, 2011; Wheelen e Hunger, 2012

Os resultados do estudo também contribuirão para o corpo de conhecimentos necessários para os QSPs possuírem no ambiente construído e na indústria da construção. Além disso, as conclusões do estudo darão aos avaliadores de quantidade em Santa Lúcia uma oportunidade de refletir sobre o seu papel e práticas de modo a sobreviver e crescer, obter vantagens competitivas e permanecer relevantes na indústria da construção no futuro.

1.4. Estrutura do estudo de investigação

Este estudo de investigação é composto por cinco capítulos, como se segue:

Chapter 1: Introdução

Este capítulo apresenta os antecedentes da investigação. Descreve igualmente o objetivo e os objectivos e a justificação da investigação.

Chapter 2: Revisão da literatura

Este capítulo analisa criticamente a literatura sobre a evolução das funções dos técnicos de controlo de quantidades e as principais forças no ambiente empresarial que têm impacto nas suas funções. Serão também discutidas as estratégias de negócio que se espera que os QSPs sigam.

Chapter 3: Metodologia de investigação

O Capítulo 3 destaca a metodologia utilizada para abordar o objetivo e os objectivos da investigação. Aborda as abordagens, estratégias e métodos de investigação adequados para a investigação. O principal método de investigação empregue neste estudo é qualitativo, que assume a forma de entrevistas semi-estruturadas com onze avaliadores de quantidade em exercício em Santa Lúcia. O outro método empregue foi quantitativo e assumiu a forma de um inquérito por questionário estruturado aos QS registados no Institute of Surveyors (Santa Lúcia).

Chapter 4: Análise e resultados

No capítulo 4, serão apresentados os resultados do estudo de investigação.

Chapter 5: Conclusões

O capítulo 5 resume as principais conclusões do estudo de investigação. Apresenta também algumas limitações da investigação e algumas sugestões para investigação futura.

2. Revisão da literatura

2.1. Introdução

Este capítulo revê a literatura necessária sobre as funções dos técnicos de controlo de quantidades na indústria da construção. Também revê a literatura de gestão empresarial para considerar as forças no ambiente empresarial que estão a afetar as funções dos técnicos de medição e as estratégias que podem seguir para moldar as suas funções futuras.

2.2. Definições de conceitos-chave

Para compreender o contexto do estudo, é importante definir o conceito de função, direção estratégica, ambiente e estratégia da seguinte forma:

O papel é definido como a função assumida ou o papel desempenhado por uma pessoa ou coisa numa determinada situação (Dicionário Oxford).[2] Kast e Rosenweig (1974), citados por Williams e Woodward (1994), definem o conceito de papel como estando relacionado com as actividades de um indivíduo numa determinada posição. O conceito de papel refere-se às funções, tarefas, serviços, trabalho ou deveres ou parte desempenhada, bem como às competências exigidas por um indivíduo no decurso da realização de uma tarefa.

A direção estratégica é definida como um curso de ação que conduz à realização dos objectivos da estratégia de uma organização.[3] Ansoff (1987, 1988, citado em Campbell et al., 2002) e Johnson, Scholes e Whittington (2008) descrevem a direção estratégica em termos de quatro estratégias de produto - mercado (penetração do mercado, desenvolvimento do mercado, desenvolvimento do produto e diversificação) que podem ser implementadas por uma organização.

A orientação estratégica da prática de QS é influenciada por mudanças na indústria, nos concorrentes, na organização interna e/ou nos ambientes macroeconómicos.

Os PSQs e as práticas de SQ não existem isolados de seu ambiente, que é tudo o que está fora de uma prática e tudo com que ela interage. Nadler e Tushman (1988, p.152) resumem o ambiente como "todos os factores, incluindo instituições, grupos, indivíduos, eventos e assim por diante, que estão fora das organizações que estão a ser analisadas, mas que têm um impacto potencial sobre essa organização". Numa perspetiva mais ampla, "o ambiente refere-

2 https://en.oxforddictionaries.com/definition/role
3 http://www.businessdictionary.com/definition/strategic-direction.html#ixzz2n36hjrGN

se a todos os factores dentro ou fora da organização, que a afectam ou são afectados por ela ou pelas suas unidades estratégicas de negócio" (Dansoh, 2005, p.164). Johnson et al. (2005, p.64) defende que "o ambiente engloba muitas influências diferentes", tais como influências políticas, económicas e sociais na estratégia de uma organização. O ambiente da QSP, que inclui clientes existentes e potenciais, mercados, fornecedores, governo, concorrentes e empregados, é discutido em pormenor na secção 2.4.

A estratégia é definida por Johnson et al. (2008, p.3) como "a direção e o âmbito de uma organização a longo prazo, que obtém vantagens num ambiente em mudança através da configuração dos seus recursos e competências com o objetivo de satisfazer as expectativas das partes interessadas". As estratégias são os meios pelos quais os objectivos serão alcançados (David, 2011). De acordo com David (2011 p.288) "uma estratégia deve representar uma resposta adaptativa ao ambiente externo e às mudanças críticas que ocorrem dentro dele". Murphy (2011 p.11) defende que "a estratégia deve ser planeada e desenvolvida de forma sistemática, mas deve permanecer suficientemente flexível para reagir à mudança num ambiente dinâmico". A estratégia pode passar pelas sequências de formulação (e seleção), implementação e avaliação (David, 2011).

2.3. Papel dos inspectores de quantidade

De acordo com Poon (2003), os avaliadores de quantidades são omnipresentes na indústria da construção. O principal papel dos QSP é gerir os custos relacionados com os projectos de construção (Maarouf e Habib, 2011). Os projectos podem incluir novos edifícios, bem como a ampliação, a renovação, a manutenção e a demolição de um edifício ou de uma instalação. Os avaliadores de quantidades trabalham em todos os sectores da indústria da construção em todo o mundo (RICS, 2013) e tanto no sector público como no privado. De acordo com Badu e Amoah (2004, p.2), "um avaliador de quantidades é um profissional da indústria da construção que tem a capacidade de analisar tanto as componentes de custo como os trabalhos práticos de construção de um projeto de uma forma bem sucedida, de modo a poder aplicar os resultados da sua análise na resolução de problemas específicos de cada projeto". Além disso, "o papel do QS reside principalmente no controlo dos custos de construção, com a responsabilidade de assegurar que o projeto é mantido dentro dos critérios acordados de custo, tempo e qualidade" (Murphy 2011, p.42) e de satisfazer os clientes. A priorização destas restrições/critérios do projeto é fundamental para o desenvolvimento e seleção de uma estratégia de aquisição adequada (Morledge, 2002), para a obtenção do melhor valor (Kelly et. al., 2002) e, consequentemente, para o sucesso global do projeto (Phua, 2004; Pheng e Chuan, 2006) para o cliente. Os clientes do PSQ incluem promotores, organismos e agências governamentais, proprietários de edifícios, arquitectos e empreiteiros (Shafiei e Said, 2008), entre outros.

Os PSQ estão envolvidos em várias fases do processo de construção, normalmente antes da construção, durante a construção e após a conclusão das obras de construção. Executam uma grande variedade de tarefas ao longo de todo o ciclo de vida de um projeto de construção e para além dele. O papel de um PSQ é frequentemente dividido em duas áreas principais: trabalho pré-contratual e pós-contratual de um projeto de construção (Willis al et, 1994; Potts, 2008; Frei e Mbachu, 2009). No quadro 2.2 são apresentados exemplos destes tipos de trabalho de SQ. Vários autores elaboraram sobre a mudança e o papel diversificado (competências) de QS na indústria da construção (RICS, 1971; Willis et al., 1994; Seeley, 1997; Nkado, 2001; Page, Pearson e Pryke, 2001; Said at el., 2003; Smith, 2004; Ashworth e Hogg, 2007; Chong, Lee e Lim, 2012).

O Royal Institute of Chartered Surveyors (RICS, 2013) definiu o papel do QS em termos de competências. O RICS afirma que uma "competência" é uma declaração das capacidades necessárias para desempenhar um papel específico e baseia-se em comportamentos, conhecimentos, aptidões e atitudes. Boyatzis (1982, p.21) citado em Siugzdiniene (2006) descreve a competência como uma caraterística subjacente de um indivíduo que está causalmente relacionada com um desempenho efetivo e/ou superior. De acordo com Boyatzis (2008, p.6), "uma competência é definida como uma capacidade ou aptidão". As competências são geralmente um conjunto de aptidões duras e suaves. A ACCA (2008) define as competências distintivas como as coisas que uma entidade ou um profissional faz particularmente bem. É de notar que as competências essenciais que proporcionam vantagens competitivas são conhecidas como competências distintivas (David, 2011).

O RICS (2013) estabelece os requisitos e competências para a avaliação da competência profissional (APC) de 2006, listando as competências exigidas aos avaliadores de quantidades em três categorias distintas: competências obrigatórias ou básicas, competências essenciais e competências opcionais, como se mostra na tabela 2.1 abaixo. Descreve as competências básicas como uma mistura de prática profissional, competências interpessoais, de negócio e de gestão que são comuns e necessárias para todos os profissionais da construção sob as vias de prática do RICS. As competências básicas são as aptidões obrigatórias e primárias exigidas aos avaliadores de quantidade na sua função, enquanto as competências opcionais são aptidões adicionais relevantes para áreas de especialização escolhida ou diversificação futura da carreira (Nkado e Meyer, 2001).

As competências essenciais do RICS para o QSP são o papel tradicional dos QSP, enquanto as competências opcionais abrangem principalmente os papéis não tradicionais (ou seja, papéis evoluídos e alguns papéis emergentes) do QSP. É muito improvável que todas estas competências opcionais sejam desempenhadas por um único QSP.

Quadro 2.1 Competências exigidas aos avaliadores de quantidades pelo RICS -APC

Competências obrigatórias	Competências essenciais	Competências opcionais
• Regras de conduta, ética e prática profissional • Atendimento ao cliente • Comunicação e negociação • Saúde e segurança • Princípios e procedimentos contabilísticos • Planeamento empresarial • Evitar conflitos, procedimentos de gestão e resolução de litígios • Gestão de dados • Sustentabilidade • Trabalho em equipa	• Economia de projeto e planeamento de custos • Prática contratual • Tecnologia da construção e serviços ambientais • Aquisições e concursos • Controlo financeiro dos projectos e comunicação • Quantificação e cálculo de custos de obras de construção	• Subsídios de capital • Gestão comercial da construção • Administração de contratos • Recuperação e insolvência de empresas • Diligência devida • Seguros • Programação e planeamento • Avaliação do projeto • Gestão do risco • Prevenção de conflitos, gestão e procedimentos de resolução de litígios • Sustentabilidade

Fonte: The Royal Institute of Chartered Surveyors (2013).

É importante que os PQS ou as práticas de SQ tentem seguir todas as fases de um ciclo de vida de competências. De acordo com Draganidis e Mentzas (2006), o ciclo de vida das competências tem como objetivo o desenvolvimento e a melhoria contínuos das competências individuais e organizacionais. Draganidis e Mentzas (2006) identificam quatro fases de um ciclo de vida de competências: mapeamento de competências; diagnóstico de competências; desenvolvimento de competências; e monitorização de competências, que são brevemente abordadas a seguir:

1. O mapeamento de competências tem como objetivo fornecer à organização uma visão geral de todas as competências necessárias para cumprir os seus objectivos e as necessidades do mercado;

2. O diagnóstico de competências envolve a identificação da situação atual das competências que o indivíduo possui em relação às competências desejadas e exigidas pela organização ou pelo mercado, utilizando a análise das lacunas de competências;

3. O desenvolvimento de competências é quando o indivíduo prossegue actividades de aprendizagem ao longo da vida, a fim de melhorar as suas competências existentes ou adquirir novas competências, de modo a colmatar o défice de competências;

4. A monitorização das competências envolve a análise contínua dos resultados alcançados na fase de desenvolvimento das competências.

Em resumo, o papel dos PSQ foi dividido em duas ou três categorias por alguns autores, como mostra o quadro 2.2 abaixo:

Quadro 2.2 Funções dos avaliadores de quantidades por categoria

Categoria			**Autor principal**
1	2	3	
Papel tradicional	Papel contemporâneo (não tradicional)		Frei e Mbachu (2009); Chong et al. (2012)
Papel tradicional	Evolução do papel	Papel emergente	Fanous e Mullins (2012)
Serviços básicos	Serviços adicionais ou alargados		Abdullah e Haron (2007)
Funções principais	Outras funções		Ashworth e Hogg (2002)
Serviços tradicionais	Serviços de construção não tradicionais	Serviços não relacionados com a construção	Smith (2004;2010)
Competências essenciais	Competências opcionais	Competências básicas/obrigatórias	RICS (2006; 2013)

No desempenho das suas funções, os PSQ precisam de definir e compreender a sua direção estratégica se quiserem sobreviver e prosperar neste ambiente empresarial em rápida mutação. Isto implica (CIPFA, 2002; Johnson et al., 2005):

- *Definir a missão da empresa* - o objetivo primordial da sua existência, bem como o âmbito (limites) do serviço;

- *Identificar objectivos* - são metas quantificáveis (na medida do possível);

- *Cultura* - Os PSQs precisam de compreender a cultura (ou seja, crenças, valores e pressupostos partilhados) da organização, da nação, da região e da indústria em que operam, e da(s) profissão(ões) a que pertencem;

- *Identificar as principais partes interessadas* - Os PSQ precisam de conhecer os principais indivíduos e grupos que têm interesse em receber ou desenvolver serviços profissionais de SQ e as suas expectativas e influência. Exemplos: universidades, clientes, governos, agências de financiamento, etc;

- *Ética* - um PSQ deve compreender em que medida ultrapassa as suas obrigações mínimas para com as partes interessadas e se empenha em questões de responsabilidade social da empresa.

Para serem eficazes no seu papel, os PS devem ser competentes, dispor de recursos adequados e estar suficientemente informados sobre questões relacionadas com o desenvolvimento do sector da construção e da economia em geral. O PSQ deve ter ou possuir a qualificação, a experiência prática e os conhecimentos necessários para desempenhar o seu papel, que estão fundamentalmente inter-relacionados, como mostra a figura 2.1 abaixo.

Figura 2.1 Dimensões das competências de um PSQ competente

Neste estudo, o papel dos inspectores de quantidades será classificado como tradicional e não tradicional, que se divide ainda em evoluído e emergente. Estas categorias são discutidas a seguir.

2.3.1. Papel tradicional do avaliador de quantidades

A função tradicional envolve os serviços profissionais originais (historicamente derivados) e fundamentais (nucleares) para os quais o técnico de levantamento de quantidades existia e a profissão de técnico de levantamento de quantidades foi estabelecida. Na tabela 2.1 acima, as funções tradicionais são por vezes referidas como serviços básicos e competências nucleares. De acordo com Ashworth e Hogg (2002, 2007), as principais funções (papéis tradicionais) dos QSPs são a gestão de custos, a gestão de contratos e de aquisições de projectos de construção. Do mesmo modo, "as principais funções (*tradicionais*) de um avaliador de quantidades são o controlo financeiro, a administração dos custos e dos contratos de um projeto em todas as fases, desde o início até à conclusão" (Nagalingam, Jayasena e Ranadewa, 2013, p.84). Leveson (1996) indica pontos de vista semelhantes, observando também que os PSQ devem desenvolver competências transversais. Willis et al. (1994) identificam os papéis pré-contratuais e pós-contratuais mais tradicionais dos QS em projectos de construção, que são mostrados na tabela 2.3 como se segue:

Quadro 2.3 Funções tradicionais de gestão de custos dos avaliadores de quantidades

Trabalhos pré-contratuais	Post - Contrato de trabalho
• Estimativa preliminar de custos	• Avaliação e pagamento intercalares
• Aconselhamento em matéria de aquisições	• Preparação da conta final
• Planeamento de custos	• Resolução de litígios contratuais
• Medição de quantidades	• Controlo dos custos durante a construção
• Preparação de listas de quantidades	• Análise dos riscos financeiros
• Processo de concurso	• Avaliações de seguros

Fonte: Willis et al. (1994).

O RICS (1971) sublinhou que as competências ou aptidões distintivas do técnico de medição estão associadas à medição e avaliação, que fornecem a base para a gestão adequada dos custos do projeto de construção no contexto da previsão, análise, planeamento, controlo e contabilidade. Isto evidenciou as funções tradicionais reconhecidas de forma distinta do QS durante essa época. No entanto, esta já não é uma descrição adequada do papel dos avaliadores de quantidades no ambiente atual, uma vez que estes expandiram os seus serviços para áreas não tradicionais, tanto dentro como fora da indústria da construção (Ashworth, Hogg e Higgs, 2013).

2.3.2. Mudança do papel do avaliador de quantidades

Os factores significativos no ambiente empresarial ao longo das últimas três décadas foram as principais causas das mudanças no papel de um Quantity Surveyor. Os factores significativos no ambiente empresarial podem ser tanto internos (que operam dentro da prática do SQ e estão geralmente sob o controlo da gestão ou do profissional) como externos (fora do controlo da gestão ou do profissional). Estes factores são designados por Johnson e Scholes (1999) e Haron e Abdullah (2006) como os principais motores da mudança: trata-se de factores do ambiente que terão o maior impacto nas práticas de SQ e que as obrigarão a alterar as suas estratégias para sobreviverem e terem êxito. Alguns exemplos incluem, entre outros:

- Mudanças nas exigências e requisitos dos clientes, do mercado e do sector (Ashworth e Hogg, 2002; Boon, 1996; Nkado, 2000; Cartlidge, 2006);

- O aumento da complexidade dos projectos de construção e o grande número de litígios contratuais e jurídicos que ocorreram no sector (Ashworth e Hogg, 2002, 2006);

- A mudança do clima financeiro ao longo do tempo, em particular as crises financeiras globais (Chong et al., 2012; Fanous, 2012; Frei, 2010);

- Gestão de projectos e evolução das TI (Smith, 2001;2010; Leonard, 2000 citado em Said et al, 2010);

- Investigação e sua divulgação (Smith, 2004; Thayaparan et al., 2011).

É de notar que o âmbito e a natureza dos serviços (funções) desempenhados pelos PSQ mudaram drasticamente após meados dos anos 80, em resposta às mudanças no ambiente empresarial (Thayaparan et al., 2011). Isto significa que o papel do PSQ se expandiu e diversificou desde então com a inclusão de papéis não tradicionais. De acordo com Said et al. (2010, p.105), "a grande variedade de funções dos QSPs significa que eles têm de ser educados, formados e altamente qualificados em diversas matérias". O conjunto de competências dos QS sofreu várias alterações durante a sua evolução nas últimas décadas. A expansão do conjunto de competências inclui a gestão de activos, questões ambientais, estudos de viabilidade, saúde e segurança, seguros, auditoria, gestão de projectos e garantia de qualidade (Bennett e Nalewaik, 1992).

A mudança de paradigma acima mencionada no papel dos técnicos de medição foi desencadeada por vários desenvolvimentos nas condições económicas, na investigação e nos desenvolvimentos tecnológicos (Thayaparan et al., 2011). Estes autores afirmam que uma análise aprofundada destes factores revela que as tendências de desenvolvimento no domínio da economia da construção, que ocorreram durante a última parte do século XX, tiveram o maior impacto na mudança do papel dos técnicos de medição. A evolução cronológica da evolução das funções dos técnicos de controlo de quantidades pode ser consultada no **anexo 2**. O RICS encomendou uma série de relatórios para analisar o futuro papel e as direcções do QS (Relatórios RICS de 1971, 1984 e 1991), que tiveram impacto nos papéis dos QSPs a nível global. Os relatórios Latam (1994) e Egan (1998), que foram encomendados pelo Governo do Reino Unido, tiveram um impacto no sector da construção e na profissão de QS a nível mundial em termos de melhoria dos processos e da relação qualidade/preço. Badu e Amoah (2004, p.1) afirmam que a mudança de papéis dos QSPs foi redefinida pelo sistema educativo que receberam.

Os QSP modernos são agora obrigados a desempenhar funções não tradicionais (contemporâneas) para sobreviverem e crescerem neste ambiente empresarial em constante mudança e manterem a sua relevância na indústria. Como já foi referido, as funções não tradicionais do PSQ podem ser classificadas como funções evoluídas e funções emergentes. Estas são agora discutidas nas secções seguintes.

2.3.2.1. Evolução das funções do avaliador de quantidades

O papel evoluído implica as responsabilidades ou serviços profissionais adicionais (não tradicionais) que foram surgindo e gradualmente aceites ao longo do tempo. Recentemente, surgiram novas áreas emergentes de serviços (funções) não tradicionais (Frei e Mbachu, 2009). A maioria dos serviços evoluídos de QS é o seu papel contemporâneo. No seu papel contemporâneo, os avaliadores de quantidades realizam um espetro de trabalho que vai desde a avaliação de investimentos até à gestão de projectos de construção (Ashworth e Hogg, 2002; 2007). Afirmam que algumas das funções evoluídas dos QS que se desenvolveram ao longo do tempo incluem:

- avaliação de investimentos
- aconselhamento sobre limites de custos e orçamentos
- custeio de toda a vida

- gestão do valor
- análise e gestão de riscos
- serviços de insolvência
- administrador do subcontrato
- serviços de engenharia de custos
- medição e cálculo de custos de serviços ambientais
- auditoria técnica
- planeamento e supervisão
- avaliação para efeitos de seguro
- gestão de projectos
- gestão de instalações

A literatura internacional reconheceu que o papel do QS está a afastar-se dos aspectos técnicos tradicionais para as funções de gestão mais inovadoras e, portanto, esta tendência continuará no futuro (Burnside e Westcott, 1999; Frei e Mbachu 2009). Nkado e Meyer (2001) concluíram que as competências orientadas para a gestão se tornarão mais importantes para o futuro sucesso empresarial dos PSQ na África do Sul.

O conjunto de competências dos SQ sofreu várias alterações durante a sua evolução ao longo dos últimos séculos (Thayaparan et al., 2011). Tal deve-se à evolução dos clientes, às exigências do mercado (Ashworth e Hogg, 2007) e a outros factores ambientais. A diversidade de clientes e a carga de trabalho variável fazem com que a carreira de inquiridor de quantidades seja simultaneamente desafiante e, por vezes, gratificante.

2.3.2.2. Emergência do avaliador de quantidades

De acordo com Fanous (2012), as funções emergentes em SQ são áreas que estão a ser, ou foram recentemente introduzidas na profissão de levantamento de quantidades. A maioria destes papéis está relacionada com os aspectos discutidos anteriormente no âmbito das competências opcionais do RICS, que consistem em Avaliações de Custos ao Longo da Vida (Potts, 2008), Sustentabilidade, BREEAM, e gestão BIM (Fanous, 2012). Fanous (2012) afirma que a introdução destas funções emergentes é reconhecida como sendo capaz de melhorar a gestão de projectos de construção. Além disso, a gestão estratégica e a competência de liderança estão a tornar-se muito importantes e permitem que os QSPs e outras profissões da construção alcancem a criação de valor sustentável. Esta competência centra-se na gestão e na direção estratégica da prática de QS para melhorar o desempenho empresarial. Foi reconhecido que os profissionais da construção, tais como os QSPs, precisam de se equipar com competências transversais (liderança e gestão) (Haron e Abdullah, 2006; Toor e Ofori, 2008). A emergência de novas competências é um processo de desenvolvimento chave dos PSQs e da sua profissão que reflecte a mudança das necessidades dos clientes no mercado da construção e na sociedade. O processo de desenvolvimento de competências começa normalmente a partir de uma análise (scanning) do ambiente empresarial (Jokinen, 2005), e é uma fase integrante do ciclo de vida das competências dos PSQs (Draganidis e Mentzas, 2006).

[st]Os PSQ do século XXI devem ter uma combinação de três pilares de competências da profissão de SQ: competências técnicas, de gestão e de estratégia, que se inter-relacionam com as competências básicas ou obrigatórias. Estes pilares de competências têm como objetivo apoiar a evolução contínua da profissão de QS e ajudar os QSPs a alcançar práticas empresariais sustentáveis, ilustradas na figura 2.1 abaixo.

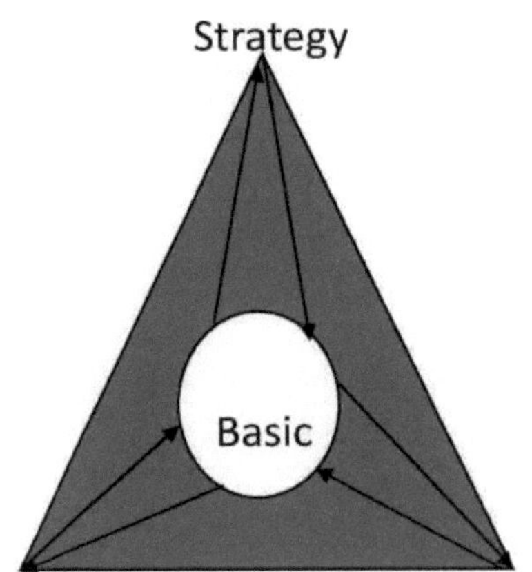

Figura 2.2 Os pilares das competências para a profissão de QS

2.3.3. A profissão de QS

A avaliação quantitativa evoluiu como profissão no Reino Unido no século XX (Ashworth e

Hogg, 2002, Murphy, 2011) e espalhou-se por todo o mundo. Atualmente, é uma profissão global. Tradicionalmente, o ensino da quantificação evoluiu em torno das diretrizes fornecidas por dois organismos profissionais, nomeadamente o Royal Institution of Chartered Surveyors e o Australia Institute of Quantity Surveyors (ASQS). A profissão de QS é constituída por um grupo de profissionais que estão aptos e qualificados para exercer a função de técnicos de controlo de quantidades no sector da construção. Os avaliadores de quantidades podem exercer a profissão como comerciantes individuais (practitioner) ou sócios/diretores ou como empregados de uma empresa responsável pela prestação de serviços de levantamento de quantidades numa determinada jurisdição. Cartlidge (2009) sugere que o trabalho dos QSPs pode ser dividido em: prática privada e gestão comercial ou levantamento de contratos. São membros de organismos profissionais nacionais reconhecidos, como o Australian Institute of Quantity Surveyors (AIQS) e/ou de organismos profissionais internacionais reconhecidos, como o RICS.

O Institute of Surveyors St Lucia Inc (ISSL) é uma empresa registada sem fins lucrativos, o único organismo profissional que representa a profissão de topógrafo em Santa Lúcia. "O Instituto foi criado em setembro de 2003, com o objetivo principal de manter a proficiência e a competência e contribuir para o desenvolvimento da profissão de agrimensor, do território e do ambiente construído, através do intercâmbio de conhecimentos, competências e experiências.[4] O número de membros é de cerca de 96, dos quais 44 membros (46%) são QSPs em exercício.

2.4. Os inspectores de quantidades num ambiente empresarial em mutação

Em geral, o ambiente empresarial de qualquer país tem de apoiar o crescimento económico e a competitividade (BIS, 2012). Os QSPs operam em diferentes tipos de ambientes de negócios e, portanto, precisam de compreender as diferentes forças ambientais que têm impacto nas suas funções, estratégias e meios de operação. Geralmente, existem dois tipos principais de ambiente de negócios em que os avaliadores de quantidades operam: interno e externo. O ambiente interno são as condições, entidades, eventos e factores dentro de uma organização que influenciam as suas actividades e escolhas, particularmente o comportamento dos empregados; enquanto o ambiente externo inclui condições, entidades, eventos e factores que rodeiam uma organização que influenciam as suas actividades e escolhas e determinam as

4 http://www.isslu.com/index.php/about-the-institute

suas oportunidades e ameaças.[5] O ambiente externo pode ainda ser subdividido em macroambiente e ambiente de trabalho. O macroambiente (geral) inclui os principais factores externos e incontroláveis que influenciam a tomada de decisões de uma organização, o seu desempenho, as suas estratégias e o seu modo de funcionamento. Os factores políticos, económicos, sociais, tecnológicos, ambientais e jurídicos (PESTEL) que se encontram no ambiente macroeconómico. O ambiente de trabalho (específico) é a parte do ambiente externo de uma organização que é diretamente relevante para o seu trabalho específico e afecta a sua capacidade de atingir os objectivos empresariais (Tuner e Hulmes, 1997). Exemplos de ambiente de tarefa incluem concorrentes, clientes, fornecedores e mão de obra. O foco do estudo é o ambiente externo.

De acordo com Johnson et al. (2008), o ambiente empresarial de uma organização é composto por três camadas: macroambiente, ambiente da indústria ou do sector e ambiente da concorrência e do mercado. Estes são discutidos de seguida.

2.4.1. Análise ambiental externa (macro)

Os PQS precisam de se adaptar continuamente e influenciar os factores estratégicos em mudança ou as influências que emanam do seu ambiente, a fim de operarem com sucesso, realizando alguma forma de exame ou análise ambiental (EA) (Wetherly e Otter, 2011) e agindo com base nas informações de feedback geradas a partir da EA. Na mesma linha, a EA pode atuar como um sistema de alerta precoce e tentar evitar surpresas estratégicas para os PSQ (Wheelen e Hunger, 2012). O AE permitir-lhes-á identificar, avaliar e compreender as influências ambientais estratégicas para obterem uma melhor compreensão da sua posição estratégica no mercado e, consequentemente, terão de criar resiliência estratégica, ou seja, adquirir competências adaptativas para ajustarem as suas ofertas de serviços e estratégias. Para além disso, a AE pressupõe um nível de pensamento estratégico (Langford e Male, 2001) e de formulação de estratégias (Wheelen e Hunger, 2012). Lansley (1987) enfatiza a importância de as empresas de construção empreenderem alguma forma de AE. Sem uma análise contínua do ambiente em que operam, os PQSs correm o risco de deriva estratégica (Johnson e Scholes, 2002), onde as suas competências, serviços e estratégias estarão desalinhados com as mudanças no ambiente.

David (2011) refere-se a esta análise como uma auditoria externa. A análise ou auditoria

5 http://www.businessdictionary.com

ambiental permite que as empresas sejam capazes de responder ofensiva ou defensivamente aos factores externos, formulando estratégias que (1) aproveitem as oportunidades externas ou que minimizem o impacto de potenciais ameaças e (2) combinem ou ajustem as suas competências nucleares com as oportunidades e ameaças da indústria (David, 2011). Johnson e Scholes (1999) afirmam que a análise ambiental (EA) é o processo de realização de uma avaliação do ambiente em que uma organização opera, identifica os factores ambientais significativos que têm impacto na organização agora e no futuro e os factores ambientais de mudança, ou seja, as forças que são susceptíveis de afetar a estrutura da indústria ou do mercado. Afirmam ainda que a AE também identifica algumas estratégias-chave que a organização procurará desenvolver para tirar partido das oportunidades e lidar com potenciais ameaças, a fim de sobreviver e ter êxito no futuro. As organizações geralmente realizam uma análise ambiental (AE) como parte do processo de planeamento estratégico de uma organização (David, 2011) para identificar as tendências que afectam o ambiente. A realização de uma EA proporcionará aos QSPs uma oportunidade de obter uma melhor compreensão do sector, dos concorrentes e dos mercados das suas empresas (David, 2011) e do ambiente geral/macro.

Cheah et al. (2007) sugerem que "a análise ambiental identifica factores externos e condições industriais que podem afetar as perspectivas gerais de uma empresa". Além disso, Johnson e Scholes (1999) salientam que a análise ambiental fornece uma visão das principais influências sobre o bem-estar atual e futuro da organização e das oportunidades proporcionadas pelo ambiente e pelas competências específicas da organização que podem gerar oportunidades. É importante que os PSQ tomem em consideração o custo-benefício da análise ambiental. Johnson e Scholes (1999) sugerem que há cinco etapas na realização de uma análise ambiental:

1. Avaliar a natureza do ambiente;
2. Auditar as influências ambientais;
3. Identificar as principais forças competitivas;
4. Identidade da posição competitiva; e
5. Identificar as principais oportunidades e ameaças

A consideração sistemática de cada uma destas etapas pode proporcionar uma compreensão da posição estratégica da organização (ACCA, 2008). De acordo com Johnson et al. (2008), "a posição estratégica preocupa-se em identificar o impacto do ambiente externo na estratégia, a capacidade estratégica da organização (recursos e competências) e as expectativas e influência das partes interessadas". Estas cinco etapas são discutidas de seguida:

2.4.1.1. Natureza do ambiente externo

Johnson e Scholes (1999) sugerem que a natureza ou condição do ambiente é caracterizada como sendo

- condição simples/estática é aquela em que o ambiente é relativamente fácil de compreender e não está a sofrer alterações significativas;
- condição dinâmica é quando a organização tem de considerar o ambiente do futuro; ou
- Uma situação complexa é aquela em que a organização enfrenta um ambiente difícil de compreender.

Há provas que sugerem que existe uma correlação positiva entre a incerteza ambiental e as condições ambientais, na medida em que a incerteza ambiental aumenta quanto mais as condições ambientais são dinâmicas ou quanto mais são complexas (Johnson e Scholes, 1999). A natureza dinâmica e turbulenta do ambiente na indústria da construção teve impacto no papel dos profissionais da construção. Johnson et al. (2008), "argumentam que muitas organizações enfrentam ambientes empresariais turbulentos, em rápida mudança e incertos e níveis crescentes de concorrência, ou hipercompetição".

2.4.1.2. Auditar influências ambientais

De acordo com David (2011), as forças ou influências ambientais externas podem ser divididas em cinco grandes categorias: (1) forças económicas; (2) forças sociais, culturais, demográficas e do ambiente natural; (3) forças políticas, governamentais e legais; (4) forças tecnológicas; e (5) forças competitivas A análise ambiental externa destas forças é um pré-requisito essencial antes da seleção de uma opção ou opções estratégicas (ACCA, 2008). A análise ou auditoria do ambiente empresarial permitirá aos PSQ identificar as oportunidades de obter vantagem competitiva e as potenciais ameaças à sua atividade, bem como identificar as competências necessárias que podem ser utilizadas para obter vantagem competitiva (Wheelen e Hunger, 2012). Johnson et al. (2008) defendem que o ambiente empresarial de uma organização é composto por três camadas: macroambiente, ambiente da indústria ou do sector e ambiente dos concorrentes e dos mercados. As influências ambientais sobre uma organização (a prática de SQ) variam consoante a sua dimensão, o sector e o país em que opera (ACCA, 2008). As influências ambientais dentro do macroambiente de uma organização são discutidas a seguir.

Johnson at el. (2008) indicam que o macroambiente é o nível mais elevado, constituído por factores ambientais gerais que têm um impacto maior ou menor em quase todas as organizações. Sugerem que o quadro PESTEL pode ser utilizado para identificar a forma como as tendências futuras nos ambientes político, económico, social, tecnológico, ambiental ("verde") e jurídico podem afetar as organizações. Esta análise PESTEL fornece os "dados" gerais a partir dos quais se podem identificar os principais factores de mudança. O quadro PESTEL pode ser utilizado pelos PSQs para identificar as influências ou forças ambientais no macro ambiente que colocam desafios, ameaças e oferecem oportunidades para eles, para a sua profissão e para o sector da construção. De acordo com Johnson et al. (2005), as seis principais influências inter-relacionadas no quadro são: política, económica, social, tecnológica, ambiental e legal, que serão discutidas no estudo. A Tabela 2.4 abaixo mostra um resumo de uma análise PESTEL e competitiva das influências ou forças ambientais.

Quadro 2.4 Análises competitivas e PESTEL das influências ambientais

Política	• Estabilidade do governo; • Mudança de governo e das suas políticas • Alterações nas leis e políticas fiscais (por exemplo, IVA); • A dimensão do orçamento e dos contratos públicos. • Despesas públicas em investigação
Económico	• estabilidade das empresas locais; • taxas de crescimento económico/setorial - evolução do PIB; recessão/recuperação económica; • Alterações nas políticas orçamentais e monetárias; • Taxas de juro; taxa de inflação; e taxa de desemprego ou tendências; • Nível de rendimento disponível; • Propensão do governo/consumidor para gastar; • Disponibilidade de crédito.
Social e cultural	• Demografia, tanto em termos de idade como de distribuição ; evolução da população • Distribuição do rendimento;

	• Alterações do estilo de vida; • Atitude dos clientes em relação ao investimento na construção; • Atitude dos PSQ em relação à qualidade do serviço; um trabalho - práticas de trabalho e ética, saúde e segurança, responsabilidade social e mudança de perceção; • Atitude em relação ao desenvolvimento da carreira; reconhecimento profissional; • Cultura organizacional ou nacional.
Tecnológico	• Velocidade e ritmo da tecnologia; avanços e mudanças tecnológicas • Novas descobertas e desenvolvimentos tecnológicos; • Taxas de obsolescência; • Nível de despesas com tecnologia e I&D.
Ambiental	• Questões ecológicas como (atitude em relação a) resíduos e poluição; • Leis de proteção do ambiente; • Disponibilidade e consumo de energia.
Jurídico	• Leis e regulamentos relacionados com o sector da construção e a profissão de QS; alterações na regulamentação ambiental, Novos Papéis de Medição (NRM), alterações nos códigos ou regulamentos de construção, etc. • Legislação laboral.
Concorrência ou competitivo	- A competitividade dos mercados e do sector da construção, incluindo: Concorrência entre profissionais de SQ, poder de negociação dos clientes, novos concorrentes de SQ; outros profissionais da construção a competir pelo trabalho de SQ - ameaça de serviços substitutos; agrupamento e concentração em alguns clientes; concorrência global ou regional.

Fontes: Johnson e Scholes (2002); CIPFA (2002); ACCA (2008); David (2011).

Os factores PESTEL que influenciam uma organização são analisados em seguida.

2.4.1.2.1. Ambiente político

Isto inclui os sistemas políticos mais alargados e a sua distribuição e concentração de poder e os muitos aspectos das políticas governamentais que podem ter um efeito profundo no funcionamento de uma organização. A estabilidade do governo é muito importante para o sucesso de qualquer organização. Os governos podem incentivar ou desencorajar a atividade económica através de políticas fiscais e programas legislativos (ACCA, 2008). Em muitos países, o Governo é um grande investidor e interveniente na indústria da construção como forma de facilitar o crescimento económico e a estabilidade empresarial. Ofereceram concessões, pacotes de estímulo, incentivos fiscais, subsídios e encomendaram investigação e desenvolvimento para encorajar a melhoria e a modernização da indústria.

2.4.1.2.2. Ambiente económico

Isto inclui factores importantes, como as taxas de juro, as taxas de câmbio, a inflação, a fase do ciclo económico, o desemprego, o rendimento disponível, a disponibilidade de energia e os custos (ACCA, 2008), que podem ter impacto no sucesso ou no fracasso de uma organização empresarial. As alterações nas economias global, regional, nacional e local influenciarão o funcionamento de qualquer organização e as complexidades do ambiente económico aumentam à medida que a economia global se torna mais integrada. As organizações precisam de identificar, monitorizar e responder aos principais factores estratégicos que têm impacto nas suas operações e estratégias (David, 2011; Wheelen e Hunger, 2012).

A crise financeira mundial provocou uma quebra no sector da construção e na economia mundial (Frei, 2010). O sector da construção é essencialmente uma procura induzida pelo mercado e liderada pelos clientes, tanto do sector público como do privado. Em Santa Lúcia, a procura de atividade de construção, que é principalmente impulsionada por factores económicos, diminuiu 3,2% por ano entre 2009 e 2012 (GOSL, 2013, p. 74).

2.4.1.2.3. Ambiente social

As alterações na composição e disseminação da demografia, a distribuição dos rendimentos, a atitude, o consumismo, os valores do estilo de vida, as expectativas e o comportamento moldarão o ambiente sociocultural. Estas alterações têm implicações no tipo de serviços que uma organização planeia oferecer aos clientes. No Reino Unido, por exemplo, haverá uma proporção crescente da população nacional acima da idade da reforma; enquanto nos países em desenvolvimento (como Santa Lúcia) há um grande número de jovens, uma proporção significativa dos quais está desempregada (ACCA, 2008). Estes factores demográficos da população irão influenciar a procura de serviços de SQ. A atitude das organizações em relação à responsabilidade social das empresas, ao trabalho, à ética profissional e empresarial, ao género, à saúde e à segurança também terá impacto nos seus serviços e no desenvolvimento de estratégias.

Os PSQ têm de ser muito mais adaptáveis e dispostos a alterar as suas práticas de trabalho normalizadas do que no passado (Smith, 2004, citado em Chong, Lee e Lim, 2012). Ofori e

Toor (2009) observam que os QSPs estão numa posição forte para ajudar a estabelecer padrões mais elevados de transparência e responsabilidade dos projectos, há um aumento dos problemas éticos entre os profissionais da construção e os antecedentes multiétnicos e multiculturais têm impacto nos projectos de construção. Os dilemas éticos e a sua gestão (Cunningham, 2011) e a atitude dos QSPs em relação ao trabalho são também factores sociais fundamentais que afectam a profissão de QS. Os topógrafos precisam de pôr ordem na sua própria casa, desenvolvendo novas formas de trabalho que acrescentem valor, reduzam os custos e aumentem a certeza da entrega do projeto. A falta de reconhecimento no sector é também uma grande preocupação para a profissão de QS (Shafiei & Said, 2008; Said, Shafiei e Omar, 2010). Além disso, os clientes estão a tornar-se mais informados e exigentes (Preece et al., 2003; Ofori, e Toor, 2009).

2.4.1.2.4. Ambiente tecnológico

Os PQS têm de saber até que ponto as novas tecnologias afectarão a sua prática e a indústria. Os três principais impactos positivos das TIC na prática de SQ incluem facilitar o trabalho do profissional, facilitar a tomada de decisões e poupar nos custos operacionais (Oladapo, 2006). Oyediran (2006) afirma que as Tecnologias da Informação (TI) e o Desenho Assistido por Computador (CAD) proporcionaram oportunidades para melhorar o valor acrescentado dos serviços de SQ. Olatunji, Sher e Gu (2010) sugerem que a construção continua a ser um dos sectores que mais lentamente adopta tecnologias inovadoras, apesar das fortes provas da correlação entre o investimento em TI e a melhoria do desempenho. Smith (2004; 2010) conclui que as tecnologias da informação (TI) proporcionaram à profissão de QS muitos desafios, ameaças e oportunidades no mercado. Do mesmo modo, Shen e Chung (2007, p.141) concluem que a profissão de QS deve reconhecer a importância das TI para enfrentar os desafios do mercado da construção em mudança.

2.4.1.2.5. Questões ambientais (ecológicas)

Um dos maiores problemas do século XXI é a conservação e proteção do ambiente global. Isto requer a utilização eficaz de recursos limitados, a supressão do dióxido de carbono (CO2) e a otimização da energia, entre outras coisas. No futuro imediato, os QSPs precisam de alargar as suas competências na área verde, a fim de prosseguir a agenda verde neste século para manter e melhorar a sua posição estratégica no mercado. Como parte do seu papel profissional contemporâneo (não tradicional), os QSPs precisam de estar conscientes das questões e práticas ambientais (ver RICS, 2007, 2010) e do impacto que as actividades de construção podem ter no ambiente. De acordo com a ACCA (2008), as organizações são encorajadas a reduzir as suas emissões de dióxido de carbono (CO2) e os danos ambientais causados por desastres naturais, e a melhorar a sua reciclagem. Isto deverá permitir a preservação dos recursos naturais para as gerações futuras, o que é fundamental.

Muitos países alteraram os seus regulamentos e práticas ambientais. Por exemplo, os Regulamentos sobre Danos Ambientais (Prevenção e Remediação) de 2009 foram implementados no Reino Unido. Estes regulamentos revistos aumentaram a necessidade de avaliação do risco de inundação, da ecologia do local, da gestão de catástrofes e da gestão de resíduos. A aplicação de regulamentos ambientais actualizados terá implicações crescentes na gestão de activos e no valor dos terrenos e das propriedades. Além disso, as avaliações dos factores ambientais representam oportunidades potenciais para os QSP desempenharem um papel consultivo a nível da gestão estratégica de activos, na gestão de projectos ou como especialistas ambientais.

Atualmente, os governos estão a dar maior ênfase aos edifícios verdes (ou sustentáveis) e à sustentabilidade, o que exige uma mudança na forma como os PSQ operam no mercado da construção (RICS, 2009a). Rajgor (2004 citado em Matipa, Kelliher e Keane, 2009) sugere que a prática da construção verde promove uma eficiência energética óptima, uma gestão de recursos com visão de futuro e uma construção sustentável em geral. A construção ecológica funciona de forma eficiente; conserva a água; é confortável, segura e saudável; e é durável e sustentável com um impacto ambiental mínimo.[6] A utilização de práticas de construção ecológica terá, por conseguinte, um impacto na função de levantamento de quantidades, incluindo, entre outras coisas, a avaliação da classificação dos edifícios ecológicos, a elaboração de relatórios sobre o desempenho da propriedade e a avaliação do custo do ciclo de vida completo (Seah, 2009).

2.4.1.2.6. Ambiente legal

As alterações nas regras e regulamentos do sector da construção a nível mundial tiveram impacto no papel dos PSQ. Alguns países têm de aderir a obrigações decorrentes de tratados, como a adesão à UE. Muitos organismos profissionais da construção também modificaram e desenvolveram novos regulamentos e normas para refletir as alterações no ambiente

6 http://www.myfloridagreenbuilding.info/Index.htm

empresarial. Os QSPs devem compreender as leis e os regulamentos aplicáveis ao sector. Alguns dos principais factores legais que podem influenciar a prática do QS incluem:

- Requisitos de saúde e segurança. Por exemplo, no Reino Unido, os regulamentos relativos à construção (conceção e gestão) de 2007 ajudam a melhorar a saúde e a segurança na construção;
- leis laborais (por exemplo, salários mínimos) para melhorar as práticas laborais e a relação com o pessoal;
- Códigos, normas e regulamentos de construção;
- Fiscalidade; e
- Leis de proteção dos consumidores (e do ambiente).

Muitos organismos internacionais de profissionais do sector imobiliário desenvolvem, mantêm e regulamentam normas para fornecer uma base uniforme para a medição de edifícios ou para a construção de formas de contrato e para abranger o essencial das boas práticas. Por exemplo, o RICS (2009b) desenvolveu um conjunto de Novas Regras de Medição (NRM) para a medição de obras de construção em todas as fases do processo de conceção e construção. Por conseguinte, as NRM do RICS devem ajudar o avaliador de quantidades/gestor de custos a fornecer conselhos de custos eficazes e exactos ao empregador e à equipa de projeto/conceção (RICS, 2009b). O RICS também desenvolveu e publicou regularmente notas de orientação sobre vários aspectos da profissão de topógrafo para apoiar a melhoria contínua. Do mesmo modo, o Joint Contracts Tribunal (JCT) e a FIDIC actualizaram regularmente as suas formas de contrato de gestão para a adjudicação de obras de construção, engenharia e outras obras relacionadas com a construção. A este respeito, os QSP terão de melhorar os seus conhecimentos e competências para acompanhar as mudanças no ambiente jurídico, a fim de cumprir os objectivos comerciais ou de projeto dos clientes em termos de custos, prazos e qualidade.

2.4.1.3. Principal força competitiva no ambiente da indústria/sector

A indústria, ou sector, forma a camada seguinte com o ambiente geral (macro) alargado (Johnson at el., 2008). Uma indústria ou sector é constituído por organizações que produzem produtos semelhantes ou oferecem serviços semelhantes aos clientes ou consumidores e que, em última análise, estão envolvidas em concorrência no seu interior. Neste contexto, o quadro das cinco forças competitivas de Porter é particularmente útil para compreender a atratividade das empresas que operam numa determinada indústria ou sector e as potenciais ameaças que enfrentam por parte dos concorrentes existentes (Johnson at el., 2008). Este quadro é, por conseguinte, inestimável para avaliar o ambiente competitivo dos PSQ e para analisar o seu posicionamento competitivo no sector. É também uma ferramenta útil para desenvolver estratégias e determinar a rentabilidade global da indústria da construção.

De acordo com Porter (1979; 1980), a natureza da competitividade numa determinada indústria pode ser vista como um conjunto de cinco forças:

1. Rivalidade entre empresas concorrentes;
2. Entrada potencial de novos concorrentes;
3. Potencial desenvolvimento de produtos/serviços substitutos;
4. Poder de negociação dos fornecedores;
5. Poder de negociação dos consumidores/clientes

Baseando-se na mensagem essencial de Porter sobre as cinco forças, Johnson at el. (2008, p.60) sugerem que "quando estas cinco forças competitivas são elevadas, as indústrias não são atractivas para competir. Haverá demasiada concorrência e demasiada pressão para permitir lucros razoáveis". As cinco forças interligadas no quadro são discutidas nas secções seguintes.

2.4.1.3.1. Rivalidade concorrencial

Geralmente, a rivalidade entre os concorrentes no sector da construção é muito intensa (Ofori e Toor, 2009), o que conduziu a uma menor rentabilidade e, por conseguinte, obrigou-os a procurar oportunidades para além das suas fronteiras profissionais e dos mercados nacionais. A elevada intensidade da rivalidade pode dever-se ao baixo e lento crescimento do sector, à falta de diferenciação, ao excesso de capacidade, ao menor número de clientes ou aos baixos custos de mudança (Johnson e Scholes, 1999). Os PSQ ou as empresas de SQ também têm de competir entre si e com outros profissionais da construção e, como resultado, oferecem honorários baixos (Haron e Abdullah, 2006), por vezes abaixo das taxas de mercado (lowballing) por serviços de qualidade prestados a clientes seguros.

2.4.1.3.2. Entrantes potenciais (ameaças de entrada)

Os novos participantes numa indústria/mercado trazem novas capacidades e recursos com o objetivo de ganhar quota de mercado, intensificando assim a concorrência nesse mercado. A entrada de concorrentes pode levar a reduções de preços, perda de vendas, aumento de custos e redução da rendibilidade para os concorrentes existentes nesse mercado (ACCA, 2008). A força da ameaça de novos operadores num mercado dependerá da força das barreiras à entrada e da resposta provável da concorrência existente a um novo operador (ACCA, 2001). De acordo com Porter (1980), barreiras à entrada mais elevadas darão origem a uma menor ameaça de entrada para os novos operadores e vice-versa. Porter afirma que existem várias barreiras à entrada que podem ajudar a dissuadir os potenciais novos operadores do sector, nomeadamente: economias de escala, diferenciação do produto, requisitos de capital, custos de mudança, desvantagens de custos independentes da escala e regulamentação governamental.

No sector da construção, existe concorrência por parte de novos operadores (Haron e Abdullah, 2006), especialmente nos países em desenvolvimento. Isto deve-se ao facto de as barreiras à entrada poderem ser baixas, o que leva a uma maior ameaça por parte dos novos operadores no mercado, aumentando assim a concorrência e fazendo baixar os preços e a margem dos produtos/serviços de construção. Além disso, os baixos obstáculos à entrada podem dever-se a baixos custos de mudança, baixa lealdade dos clientes e baixo custo de entrada.

2.4.1.3.3. Ameaça de substitutos

Os substitutos são geralmente produtos ou serviços que podem desempenhar a mesma função ou benefícios que o produto ou serviços do sector em consideração (ACCA, 2008; Johnson et al., 2008). Os substitutos são serviços/produtos que parecem ser diferentes, mas que podem satisfazer as mesmas necessidades dos clientes que os serviços e produtos do sector, criando assim uma alternativa viável. A disponibilidade de substitutos fora do sector dos operadores históricos pode limitar os preços dos produtos de uma empresa ou fazer incursões no mercado, reduzindo assim a sua atratividade (Johnson e Scholes, 1999). Por conseguinte, limitam a rendibilidade do sector. As ameaças de substitutos no sector da construção são fortes em resultado de tecnologias inovadoras novas e emergentes e dos baixos custos de mudança de um participante para outro. Assim, é muito importante que as práticas de QS analisem constantemente o ambiente externo para identificar e antecipar ameaças de serviços substitutos oferecidos por outros profissionais.

2.4.1.3.4. Poder de negociação dos fornecedores

Os fornecedores exercem poder de negociação sobre os participantes num sector, aumentando os preços ou reduzindo a qualidade dos seus bens e serviços (ACCA, 2008). O poder de negociação dos fornecedores (fornecedores) é suscetível de ser elevado quando (Johnson et al. 2008: existe uma concentração de fornecedores, ou seja, quando o sector é dominado por um número relativamente reduzido de fornecedores; os custos de mudança de um fornecedor para outro são elevados; e existe a possibilidade de os fornecedores procurarem uma integração futura e competirem diretamente com os seus compradores, aproximando-se dos clientes finais.

No sector da construção, o poder de negociação dos fornecedores (por exemplo, empresas QS) tende a ser fraco devido aos baixos custos de mudança; os clientes do sector da construção estão bem informados (Preece et al., 2003; Ofori e Toor, 2009); os clientes desejam obter os preços mais baixos; há menos projectos de capital em curso (GOSL, 2012); e a existência de muitos fornecedores fragmentados no mercado.

2.4.1.3.5. Poder de negociação dos clientes/compradores

Porter (1979; 1980) sugere que o poder de negociação dos clientes é suscetível de ser elevado quando existe um grande número de pequenos operadores; o custo de mudar de fornecedor é baixo; existem fornecedores alternativos de serviços; os clientes são susceptíveis de fazer compras para obter o melhor preço e, por conseguinte, pressionar os fornecedores que estão desesperados pelo seu negócio; ameaça de integração a montante por parte dos compradores; e novas tecnologias e metodologias inovadoras.

Na indústria da construção, verifica-se geralmente uma queda na procura de projectos de construção por parte dos clientes; existem poucos clientes de construção, baixos custos de mudança de fornecedor, os clientes de construção dispõem de uma qualidade razoável de informação para a tomada de decisões e para fazer compras, e o aparecimento de novas tecnologias e métodos inovadores. Todos estes factores sugerem que o poder de negociação dos clientes é provavelmente elevado no sector da construção. Neste caso, os compradores ou clientes afectarão a indústria tentando obter preços mais baixos ou procurando obter serviços e produtos de maior ou melhor qualidade. Fazem-no colocando os concorrentes uns contra os outros (ACCA, 2008). O poder de negociação dos clientes e dos fornecedores "tem tido um efeito nas relações cliente/empreiteiro ao longo de muitos anos" (Burtonshaw-Gunn, 2009).

Todas as forças competitivas acima referidas sugerem que a atratividade global da indústria da construção é baixa. Além disso, a concorrência global está a intensificar-se (Low e Tan, 2002). Por conseguinte, os impactos colectivos das cinco forças competitivas resultarão numa menor rentabilidade para os participantes na indústria. Ao responder estrategicamente ao ambiente competitivo, o objetivo dos QSP deve ser identificar e desenvolver competências que possam tirar partido das melhores oportunidades no mercado da construção. Ao fazê-lo, podem desenvolver estratégias competitivas para obter vantagens competitivas. Johnson e Scholes (1999), argumentam que o sucesso competitivo das empresas ou indivíduos depende mais das suas competências, que lhes podem dar vantagens competitivas sobre os concorrentes. As mudanças no ambiente competitivo exigiram um conhecimento crescente ou requisitos de competência profissional do PSQ e da profissão.

2.4.1.4. Posição competitiva no ambiente concorrente/mercado Os concorrentes e os mercados são a camada mais imediata que rodeia as organizações (Johnson, et al., 2008). Na maioria das indústrias ou sectores, existem muitas organizações diferentes com caraterísticas diferentes e que competem em bases diferentes (Johnson, et al., 2008). Todas as organizações num determinado mercado estão numa posição competitiva em relação umas às outras, na medida em que estão a competir por clientes ou por recursos. Para identificar a sua posição e vantagem competitiva no mercado, as organizações podem aplicar as seguintes técnicas: análise do grupo estratégico, análise da segmentação do mercado e factores críticos de sucesso. Estes três conceitos serão agora brevemente discutidos.

A análise de grupos estratégicos (AGE) visa identificar grupos estratégicos, ou seja, organizações dentro de uma indústria ou sector agrupadas em torno de caraterísticas estratégicas semelhantes, seguindo estratégias semelhantes ou competindo em bases semelhantes (Johnson, et al., 2008, p.73). A SGA pode ser utilizada por uma prática de SQ para compreender a sua posição estratégica atual no ambiente competitivo e formular estratégias para mudar para um cluster ou grupo com melhor desempenho (Dikmen, Birgonul e Budayan, 2009, p.288). Também é útil na identificação de concorrentes significativos no mercado (Johnson, et al., 2008).

A análise da segmentação do mercado é o processo de dividir um mercado de consumidores em grupos ou segmentos de mercado significativos e distintos em termos das suas necessidades e, em seguida, visar o(s) segmento(s) mais viável(eis) ou atrativo(s) (Blythe, 2005) que se adequa(m) às competências de uma entidade. Os clientes do mercado da construção, por exemplo, podem ser agrupados em organizações residenciais, comerciais, governamentais e não governamentais.

A análise dos factores críticos de sucesso (FSC) consiste em identificar os requisitos de desempenho (por exemplo, competências) que são fundamentais para o sucesso de uma organização no sector. Os CSFs permitirão que a organização supere a concorrência (Johnson, et al., 2008).

2.4.1.5. Principais oportunidades e ameaças

Há uma grande variedade de influências ou factores ambientais que podem afetar a estratégia e o desempenho de uma organização (Johnson e Scholes, 1999). Por conseguinte, a fase seguinte, crucial, consiste em extrair das influências ou forças da análise ambiental as oportunidades e ameaças estratégicas específicas para a organização (Johnson et al., 2005, 2008). As ameaças são desenvolvimentos no ambiente que podem ameaçar a capacidade da entidade para atingir os seus objectivos e estratégias, enquanto as oportunidades são desenvolvimentos que podem ser explorados para melhorar a capacidade de uma entidade para atingir os seus objectivos e estratégias. A sobrevivência e o sucesso estratégico das práticas de SQ dependem da forma como estas respondem às ameaças e oportunidades que emanam das mudanças no ambiente.

A identificação destas oportunidades e ameaças é extremamente importante para refletir sobre as opções e escolhas estratégicas e tomar decisões para o futuro (Johnson, et al., 2008). As oportunidades e ameaças constituem metade da análise de forças, fraquezas, oportunidades e ameaças (SWOT) que molda a formulação da estratégia de muitas empresas. A identificação e a avaliação das oportunidades e ameaças externas permitem às organizações desenvolver uma missão clara, conceber estratégias para atingir objectivos a longo prazo e desenvolver políticas para atingir objectivos anuais (David, 2011). Estas ameaças e oportunidades identificadas a partir da EA não serão totalmente aproveitadas se o sector de competências ou habilidades dos QSPs não for correspondentemente responsivo e apropriado. Assim, o seu papel deve evoluir em resposta à rápida mudança do ambiente empresarial global. De seguida, apresentam-se as principais oportunidades e ameaças externas à prática e à profissão de QS identificadas na literatura.

2.4.1.5.1. Principais oportunidades externas

Os prestadores de serviços de qualidade devem desenvolver uma orientação empresarial externa para identificar oportunidades de negócio no ambiente empresarial, a fim de explorar as suas competências existentes e adquirir novas competências para satisfazer as necessidades e exigências dos clientes de forma eficaz e rentável. As principais oportunidades que os prestadores de serviços de qualidade podem explorar são discutidas de seguida.

TI e TIC

De acordo com vários autores proeminentes do sector da construção (Smith, 2001, 2004; Tse e Wong, 2004; Oladapo, 2006; Shen e Chung, 2007; Frei 2009), as TI e as tecnologias de informação e comunicação (TIC) têm potencial para melhorar a qualidade dos serviços profissionais de SQ e o desempenho global da profissão de SQ. Smith (2004) e Oladapo (2006) referem que os PQS devem investir nas TI/TIC necessárias para satisfazer as exigências do sector e dos clientes, que estão em constante mudança.

Os modelos de informação da construção (BIM) apresentam oportunidades, desafios e ameaças para os QSs ganharem vantagem competitiva (Olatunji et al, 2010; Smith 2010). O BIM é o processo de geração e gestão de informações sobre um edifício durante todo o seu ciclo de vida e incentiva a integração das funções de todas as partes interessadas num projeto (Azhar et al., 2010; 2012). Se for bem compreendido, o BIM pode ser visto como um catalisador da mudança, preparado para reduzir a fragmentação do sector, melhorar a sua eficiência e eficácia e reduzir os elevados custos de uma interoperabilidade inadequada (Succar, 2009).

A importância do comércio eletrónico para melhorar o desempenho das práticas de SQ foi documentada por Haron e Abdullah (2006). O negócio eletrónico foi definido como a transformação dos principais processos empresariais através da utilização de tecnologias da Internet (ACCA, 2008). O cibernegócio inclui (ACCA, 2008):

- O comércio eletrónico, que pode ser descrito como a realização de transacções comerciais através de redes electrónicas por meio de sistemas informáticos interligados.
- E-marketing é o marketing realizado com recurso à tecnologia eletrónica. Criar o seu próprio site e e-mails, links para e de outros sites, e e-mail para clientes selecionados para

anunciar serviços; e relacionamento com o cliente são exemplos de técnicas de emarketing utilizadas pela QSPS;

- A contratação pública eletrónica é a utilização de métodos electrónicos em todas as fases do processo de contratação; e

- E-branding é a comunicação e promoção de uma banda por via eletrónica para permitir que um cliente identifique e distinga os serviços ou produtos dos fornecedores dos oferecidos pelos concorrentes.

No entanto, os PSQ, especialmente nos países em desenvolvimento, não aproveitaram totalmente as vantagens das TI/TIC para obterem vantagens competitivas no mercado e na indústria da construção (Shen et al., 2003; Shen e Chung, 2007). Este facto pode dever-se ao conservadorismo do sector da construção (Shen et al., 2003; Smith, 2004; Shen e Chung, 2007).

Desenvolvimento de novas aptidões e competências

Existem muitas oportunidades para os PSQs desenvolverem novas aptidões e competências para cumprirem os requisitos legislativos e legais em mudança, e muitas outras mudanças no ambiente empresarial. Muitos autores no domínio da construção indicaram que existe uma procura crescente de QSPs para adquirir novas aptidões e competências para responder às mudanças no mercado global da construção e na indústria (Ashworh e Hogg, 2002; Smith, 2004; Frei, 2010). Os QSPs têm de se familiarizar com o conjunto de Novas Regras de Medição (NRM) do RICS e notas de orientação sobre vários aspectos da profissão e podem utilizar esse conhecimento para cumprir os objectivos comerciais ou de projeto dos clientes em termos de custo, tempo e desempenho de qualidade.

Nos últimos anos, os governos de muitos países aumentaram ou tornaram mais rigorosos os seus requisitos legislativos e jurídicos para o sector da construção, a fim de melhorar o desempenho sustentável dos edifícios e a produtividade e o desempenho dos trabalhadores. Isto deverá conduzir a uma maior satisfação dos clientes e a ambientes mais ecológicos. A Certificação de Desempenho Energético (EPC) e a Liderança em Energia e Design Ambiental (LEED) dos EUA, o Método de Avaliação Ambiental do Estabelecimento de Investigação de Edifícios (BREEAM) do Reino Unido são exemplos de novos regulamentos relativos ao desempenho de sustentabilidade dos edifícios que os PSQ devem compreender e aplicar (RICS, 2009a; Agência Internacional de Energia, AIE, 2010). A AIE (2010, p. 8) salienta que o EPC fornece um mecanismo de classificação de edifícios individuais em relação à quantidade de energia necessária para fornecer aos utilizadores os graus esperados de conforto e funcionalidade. Além disso, os PSQ devem estar cientes das Avaliações Ambientais e de outras iniciativas ecológicas que apoiam a minimização dos impactos ambientais dos projectos propostos (IEA, 2010).

Em particular, as suas competências devem permitir-lhes compreender e aplicar um conjunto abrangente de ferramentas de avaliação que tratem de questões de sustentabilidade e apoiem a implementação de intervenções de sustentabilidade adequadas. A fim de identificar e avaliar as caraterísticas de sustentabilidade de forma proficiente, os QSPs devem procurar continuamente melhorar os seus conhecimentos sobre sustentabilidade para que se tornem plenamente conscientes de qualquer impacto que os desenvolvimentos ou projectos propostos possam ter sobre o ambiente natural e construído (RICS, 2007, 2009a). Isto inclui conhecimentos sobre tecnologias verdes, legislação, políticas públicas e medidas fiscais, bem como as atitudes do mercado em geral relativamente à sustentabilidade. Por conseguinte, os PSQ devem empenhar-se na aprendizagem ao longo da vida para adquirirem conhecimentos, aptidões e competências relevantes em matéria de sustentabilidade, a fim de responderem continuamente às necessidades do mercado da construção ecológica. Além disso, devem desenvolver as suas competências para além da profissão de QS para responder continuamente aos desafios da sustentabilidade prática e do sector da construção em geral.

Manter e desenvolver conhecimentos especializados nas competências essenciais

Smith (2004, p.13) afirma que "em primeiro lugar e acima de tudo, as empresas precisam de garantir que os avaliadores de quantidades têm conhecimentos profissionais suficientes nas competências e aptidões essenciais da profissão e que continuam a desenvolver esses conhecimentos". Afirma também que deve existir uma formação adequada no local de trabalho para os trabalhadores inexperientes e complementar o ensino superior.

Gestão da informação e do conhecimento

As práticas de medições são organizações de conhecimento intensivo (Fong e Choi, 2009) e, por conseguinte, uma gestão eficaz do conhecimento apresenta oportunidades para os PSQ (Anago, 2006; Haron e Abdullah, 2006; Davis et al., 2007; Fong e Choi, 2009; Ribeiro, 2009; Bigliardi, Dormio e Galati, 2010) inovarem e melhorarem os seus serviços, responderem aos requisitos dos clientes e obterem vantagens competitivas sustentáveis nos mercados da construção. É muito importante que os PSQ capitalizem a gestão da informação (Smith, 2004) para criar e manter uma vantagem competitiva.

Métodos de aquisição alternativos

Frei (2009) afirma que existem oportunidades potenciais para os PSQ se envolverem em métodos de aquisição alternativos ou contemporâneos (não tradicionais). Exemplos de métodos contemporâneos de aquisição de construção incluem contratos de gestão, parcerias e contratos baseados no desempenho (Cox e Townsend 1998).

Diversificação

A diversificação para áreas de construção relacionadas, como as infra-estruturas, a petroquímica e os transportes, exige novas competências e aptidões. Haron e Abdullah (2006) sugerem que os PSQ devem alargar as suas competências a outras áreas relacionadas com a construção, como a gestão de instalações e o direito da construção. Também referem que os PSQ não se devem limitar aos limites tradicionais da gestão de custos, mas precisam de desenvolver novos nichos, cultivar novos conhecimentos e entrar em novas áreas para aumentar a sua rentabilidade e competitividade no sector (p.4). Os QSPs procuram oportunidades para além do seu domínio profissional ou especialização devido à intensa concorrência no sector da construção (Ofori e Toor, 2009). Smith (2004) sugere que existem oportunidades crescentes para os PSQ diversificarem o âmbito dos seus serviços e fornecerem serviços especializados não tradicionais, como a gestão da qualidade e a gestão de instalações.

Marketing na construção

O marketing é uma função importante para o sucesso de uma empresa no atual ambiente empresarial cada vez mais competitivo (Arslan, Kivrak e Tankisi, 2009). É definido como o processo que envolve a identificação, a antecipação e a satisfação das necessidades do cliente de forma rentável (Pheng e Ming, 1997). Muitos estudos (Low e Kok, 1997; Arslan, et al., 2009; Ganah, Pye e Walker, 2008) sugerem que as empresas de SQ devem desenvolver e implementar actividades e estratégias de marketing para promover e vender os seus serviços aos clientes, a fim de obterem benefícios. Os potenciais benefícios de um marketing eficaz de uma empresa de SQ e dos seus serviços incluem, entre outros, o aumento dos lucros, o aumento das vendas, o aumento da satisfação dos clientes, a melhoria da imagem da empresa, o desenvolvimento de produtos/serviços, a entrada em novos mercados (Dikmen, Birgonul e Ozcenk, 2005) e, assim, a obtenção de vantagens competitivas (Arditi, Polat e Makinde, 2008;

Polat e Donmez, 2010). As formas mais comuns de os PSQ se envolverem na comercialização dos seus serviços incluem o marketing direto, abordando direta ou pessoalmente clientes existentes ou potenciais (Kaiser e Ringlstetter, 2011); publicidade e relações públicas utilizando a Internet e meios de comunicação impressos, como revistas e jornais (Polat e Donmez, 2010; Kaiser e Ringlstetter, 2011).

Colaboração, parcerias e alianças estratégicas

Muitos autores (Cox e Townsend, 1998; Peace, 2008) articulam os benefícios da parceria e da colaboração para os participantes no sector da construção. Alguns dos benefícios das parcerias e alianças incluem a redução de custos, o aumento dos lucros, a redução dos prazos de entrega, a melhoria da qualidade e o confronto mínimo, e a inovação (Cox e Townsend, 1998). Os PSQ e outros profissionais da construção devem adotar acordos de colaboração, tais como parcerias e alianças (Cox e Townsend, 1998; Cartlidge, 2002; Xue, Shen; e Ren, 2010).

Outras oportunidades de negócio importantes

A investigação e desenvolvimento na construção (smith, 2004), tem o potencial de ter um impacto positivo na indústria da construção e na profissão de QS. A investigação e a inovação na construção são vitais para melhorar a produtividade e aumentar a competitividade no sector (Tatum, 1989). Kulatunga, Amaratunga e Haigh, (2007) argumentam que a investigação e o desenvolvimento eficazes e eficientes são importantes no sector da construção para satisfazer as necessidades futuras de todas as partes interessadas. Existem também oportunidades para os PSQ e outros profissionais da construção aplicarem os princípios da construção sustentável e ecológica ao longo do ciclo de vida do projeto para fornecer valor aos clientes (RICS, 2009a).

2.4.1.5.2. Principais ameaças potenciais

As principais ameaças que os PSQ e a profissão enfrentam a nível mundial são analisadas no quadro 2.5:

Quadro 2.5 Principais ameaças para os PSQ e para a profissão

#	A principal ameaça	Descrição	Autores
1	Recessão e recessão económica	A crise financeira mundial, que conduziu a uma recessão económica, teve e continua a ter um impacto negativo no sector global da construção e nos PSQ, e conduziu a uma	Frei (2010).

		diminuição do emprego e da produção no sector e da procura de serviços profissionais de construção (como os PSQ).	
2	Alteração das exigências e expectativas dos clientes	As necessidades, expectativas e exigências dos clientes estão a mudar e a expandir-se rapidamente no sector da construção.	Thayaraparan et al., (2011); Cartlidge (2002); Haron e Abdullah (2006).
3	Concurso baseado em taxas	Concorrência intensa ou severa em termos de taxas, o que pode comprometer o nível de serviço oferecido.	Smith (2004); Boom (1996)
4	Outros profissionais que prestam serviços tradicionais de SQ	As incursões de outras profissões nos serviços tradicionalmente prestados pelos PSQ.	Smith (2004); Davis et al. (2007); Frei (2009).
5	Falta de rentabilidade	O círculo vicioso do baixo lucro, que limita a capacidade de investir e melhorar, o que, por sua vez, perpetua a baixa margem e o desempenho da empresa. Esta situação pode levar ao desaparecimento das práticas de QS.	SoU (2012b, p.7); Frei e Mbachu (2009).
6	Falta de reconhecimento da QS	A falta de reconhecimento dos QSP nos projectos de construção e na indústria.	Shafiei e Said (2008).
7	Falta de inovação	Falta de inovação nos métodos de construção.	Smith (2004).
8	Modelação da informação da construção	O BIM desafia o papel tradicional dos PSQ e a sua relevância no sector da construção. Tem o potencial de automatizar a medição de quantidades, o que pode ameaçar as exigências dos clientes relativamente aos serviços de SQ.	Olatunji et al. (2010).
8	Avanços em TI e TIC	Os avanços das TI e das TIC são também uma ameaça subjacente e persistente para os PSQ e outros profissionais da construção. Estes avanços põem em causa a modelação tradicional dos custos e o papel tradicional dos PSQ.	Cartlidge, (2002); Smith (2001, 2004); Frei e Mbachu, (2009).
9	Marketing deficiente	Um marketing deficiente pode ter impacto no desempenho da prática de SQ. Muitas práticas de SQ não têm um plano e estratégias formais de marketing.	Smith (2004); Polat & Donmez, 2010); Murphy (2011).
10	Escassez de competências	O sector da construção tem enfrentado ameaças constantes de escassez de competências. Este facto deve-se ao baixo investimento em formação e qualificação formal.	UKCES (2012); Moethler (2008); Odusami e Ene (2001).
11	Qualidade dos diplomados	A qualidade dos licenciados está a diminuir em termos de aptidões e competências essenciais em matéria de medição e avaliação de obras de construção.	Smith (2004)
12	Outros	A atitude de conservadorismo ou de incapacidade de mudança em relação à aplicação das TI pode ser considerada como uma ameaça potencial para os profissionais da SQ. Falta de interesse dos jovens que abandonam a escola pela	Shen et al. (2003); Smith (2004),

		profissão de QS.	

As oportunidades e ameaças externas adicionais são apresentadas no apêndice 3 (A, B & C) para o ambiente macroeconómico e no apêndice 4 para o ambiente competitivo.

A fim de minimizar as potenciais ameaças do ambiente empresarial competitivo, os PSQ devem adotar as seguintes medidas (1) Devem empenhar-se na aprendizagem ao longo da vida para adquirir conhecimentos e competências adicionais (Thayaparan et al., 2011). (2) Podem utilizar o marketing como uma forma essencial de promover e melhorar as suas ofertas de serviços aos clientes. Os PSQ devem participar em actividades de marketing, tais como estudos de mercado e relações públicas, e utilizar o e-marketing para influenciar e aumentar a sua visibilidade no mercado. Por conseguinte, os PSQ devem possuir aptidões e competências de marketing; (3) Os PSQ devem manter a sua competitividade no mercado, oferecendo serviços de valor acrescentado aos seus clientes (Abidin et al., 2010). Olanipekun, Aje e Abiola-Falemu (2013, p. 211) sugerem que a competitividade das práticas de SQ é influenciada "pelas culturas de estabilidade, inovação, responsabilidade social e competitividade"; e (4) Os PSQ precisam de criar e manter a sua capacidade de cobrar taxas adequadas pelos seus serviços, continuando a oferecer um serviço de qualidade ao cliente (McGaw, 2007) e a aumentar a sua produtividade. Devem também adotar flexibilidade na sua estrutura de custos e capacidade produtiva (Boon, 2008).

2.4.2. Análise do ambiente interno

Importa referir que uma análise do ambiente interno envolve uma avaliação da capacidade estratégica (competências e recursos) da organização (CIPFA, 2002). É importante identificar, avaliar e responder às principais forças ou factores ambientais internos no ambiente organizacional interno como base para a obtenção de vantagens competitivas sobre empresas rivais e para o desenvolvimento da estratégia. Os factores ambientais internos são os factores internos à organização que influenciam a sua estratégia e desempenho. Exemplos destes factores internos incluem a cultura, a estrutura e os recursos organizacionais (Wheelen e Hunger, 2012) e as competências.

Uma auditoria interna ou análise organizacional, que faz parte da análise ambiental, deve ser efectuada para identificar e avaliar as capacidades estratégicas da organização (competências e recursos) em termos dos seus pontos fortes e fracos (SW) (David, 2011; Wheelen e Hunger, 2012). Estes pontos fortes e fracos são então combinados com as oportunidades e ameaças

(OT) que evoluem a partir do ambiente empresarial externo para dar origem ao SWOT (Wheelen e Hunger, 2012), que é então analisado e introduzido no desenvolvimento da estratégia.

2.4.2.1. Capacidade estratégica

A importância da capacidade estratégica numa organização tem sido salientada por muitos autores de gestão (Ansoff, 1979; Lenz, 1980, Prahalad e Hamel, 1990; Johnson e Scholes, 1999, 2002; etc.). De acordo com Johnson et al. (2008), a capacidade estratégica diz respeito à adequação dos recursos e competências necessários para que uma organização sobreviva e prospere. Além disso, a capacidade estratégica é a capacidade de uma organização utilizar e empregar os seus recursos e competências para criar valor para os clientes, obter vantagem competitiva e criar novas oportunidades (Johnson et al., 2008). Para obter vantagem competitiva no mercado, os PSQs devem construir e concentrar-se nas suas competências distintivas, ou seja, nas suas competências que são superiores às dos concorrentes (David, 2011; Wheelen e Hunger, 2012), para satisfazer as exigências do ambiente empresarial externo em constante mudança.

Johnannesson e Palona (2010) descrevem a capacidade estratégica em termos de duas categorias: 1. Recursos estratégicos, tais como finanças, que podem ser alterados de uma forma para outra rapidamente e 2. Competência estratégica, que é categorizada em competência individual e competência organizacional - a coleção de habilidades de acumulação, conhecimento e experiência dos funcionários passados e presentes da organização.

Em condições dinâmicas, pode ser improvável que as capacidades estratégicas das práticas de SQ permaneçam estáveis e essenciais para elas. Por conseguinte, devem reinvestir continuamente nas suas competências nucleares ou distintivas para evitar que se tornem rigidez ou deficiências nucleares que já não são capazes de se adaptar às condições dinâmicas do ambiente (Wheelen e Hunger, 2012). Teece, Pisano e Shuen (1997) argumentam que as capacidades estratégicas que podem alcançar vantagem competitiva em condições dinâmicas são chamadas de capacidades dinâmicas e, portanto, uma organização tem a capacidade de renovar e recriar as suas capacidades estratégicas para atender às suas necessidades num ambiente em rápida mudança. Isto pode assumir a forma de desenvolvimento de novos serviços, alianças e parcerias estratégicas, aprendizagem organizacional e organização de aprendizagem através da qual a organização aprende novas aptidões e competências.

Os requisitos actuais do mercado podem ser completamente diferentes e exigem um conjunto dinâmico de capacidades e competências (Teece et al 1997). Por conseguinte, as práticas de SQ devem efetuar uma análise das suas capacidades dinâmicas (estratégicas), em especial das suas competências estratégicas, para determinar quais são aplicáveis ao futuro ambiente empresarial. Terão de integrar, construir e reconfigurar as suas competências para responder adequadamente a um ambiente em rápida mudança (Teece e Pisano, 1994; Teece et al., 1997; 2007). Isto está de acordo com a visão baseada nas competências (Nkado e Mayer, 2001), uma extensão da visão baseada nos recursos (RBV). A VBR é a forma como uma empresa pode utilizar os seus recursos e competências para explorar oportunidades e neutralizar ameaças para alcançar e manter a vantagem competitiva (Barney, 1995), bem como melhorar o desempenho (David, 2011). Isto pode implicar o desenvolvimento, a implementação e a revisão de um quadro de competências para a profissão de QS, a fim de se manter a par das mudanças no sector.

2.4.2.2. Aprendizagem e competência profissional

Verster (2004) sugere que as profissões de levantamento de quantidades e de gestão da construção devem tentar tornar-se uma sociedade erudita pró-ativa. Ele identifica e propõe os cinco pilares de uma profissão erudita (sociedade): educação; formação; tutoria; desenvolvimento profissional contínuo (CPD) e investigação, como um modelo para a quantificação e gestão da construção a utilizar no reforço do conhecimento e competências para a sobrevivência futura, desenvolvimento e prosperidade. Estes cinco pilares de uma profissão erudita devem refletir as necessidades em constante mudança da profissão em causa e da sociedade em geral.

Foi reconhecido que o valor profissional, a integridade e as competências dos profissionais da construção devem ser profunda e firmemente estabelecidas durante a sua educação e formação profissional em instituições de ensino superior, tais como as universidades e faculdades (Chan et at, (2002). Para além disso, a educação (Badu e Amoah, 2004) e a formação (lee, Trench e Willis, 2011) dos técnicos de medição permitiram que o papel da profissão fosse redefinido e evoluísse ao longo do tempo. Alguns autores (Cartlidge, 2002; Verster, 2004; Ojo, 2010) salientaram a importância do PDC para o desenvolvimento de novos conhecimentos técnicos e de gestão, aptidões e competências relevantes para a carreira e o papel dos profissionais; e para se manterem a par das mudanças no ambiente da indústria. Todos os organismos profissionais de SQ reconhecidos, como o RICS, sublinharam a importância do DPC para a sua profissão.

Hoffmeister et al. (2011) enfatizam a importância de desenvolver um programa de mentoria eficaz na indústria da construção. Os programas de mentoria ou de orientação podem ser muito úteis, nos quais os profissionais de SQ sénior ajudam a desenvolver e a moldar a futura geração de PSQ (Toor e Ofori, 2008). As práticas de SQ devem esforçar-se por levar a cabo uma investigação eficaz na construção, de modo a adquirir novos e melhores conhecimentos, competências e serviços e a melhorar os processos empresariais. Adicionalmente, a manutenção contínua de elevados padrões de profissionalismo é vital para a manutenção das competências de SQ e da qualidade da prática. Chan et al. (2002, p. 46) sugerem que "o profissionalismo de uma profissão é largamente resumido como uma elevada expetativa em termos de capacidades técnicas, competência e integridade dos profissionais".

Os PSQs devem abraçar e aprender competências novas e emergentes, e usar as competências essenciais para assumir um papel de liderança na indústria (Ofori e Toor, 2009). Ojo (2010) afirma que o requisito de competência dos profissionais da construção, como os PSQ, é um dos factores essenciais que afectam o resultado do serviço que prestam. Por conseguinte, os PSQs devem melhorar os seus conhecimentos, aptidões e competências através de uma combinação dos pilares da aprendizagem ao longo da vida: educação, formação, orientação, desenvolvimento profissional contínuo (DPC), investigação e profissionalismo. Muito importante, a aprendizagem ao longo da vida permite aos PQS lidar e adaptar-se à mudança e ao aumento das exigências de competências da profissão (Thayaparan et al., 2011), da indústria e da sociedade. A educação, a literacia da informação e a aprendizagem ao longo da vida são os três pilares para pôr o conhecimento a funcionar na sociedade do conhecimento (Singh e Begum, 2012)[6] .

2.4.2.3. Técnicas fundamentais para a análise ambiental interna

Seguem-se algumas técnicas-chave (ver quadro 1.1) que podem ser utilizadas para analisar as capacidades (por exemplo, competências) de uma organização:

- *Auditoria de recursos* - identifica e classifica os recursos que uma organização possui e/ou a que pode aceder para apoiar as estratégias (CIPFA, 2002; Johnson e Scholes, 1999);

- *Análise SWOT* - envolve a identificação das principais questões ou factores estratégicos do ambiente e, em seguida, a avaliação dos seus pontos fortes, pontos fracos, oportunidades e ameaças para o desenvolvimento da estratégia (Johnson e Scholes, 1999, 2002);

- *A análise da cadeia de valor* de uma empresa implica um exame sistemático das actividades individuais de criação de valor na produção de um produto ou serviço, a fim de identificar -

[6] www.banglajol.info/index.php/BJLIS/article/download/12921/9287

e compreender melhor os pontos fortes (por exemplo, competências essenciais/distintivas) e os pontos fracos das actividades, bem como as ligações entre as actividades (Wheelen e Hunger, 2012);

- *Matriz de Avaliação de Factores Internos (IFE)* - resume e avalia os principais pontos fortes e fracos nas áreas funcionais de uma empresa, e também fornece uma base para identificar e avaliar as relações entre essas áreas internas David (2011);

- *A análise organizacional* é utilizada para identificar, avaliar e desenvolver os recursos e as competências de uma organização (Wheelen e Hunger, 2012).

Está fora do âmbito do estudo examinar todos os conceitos e ferramentas para avaliar a capacidade estratégica e fornecer uma análise detalhada (pontos fortes e fracos) da capacidade estratégica de uma empresa no seu ambiente interno.

2.4.3. Opções estratégicas para os PQS

A geração de opções estratégicas (alternativas) é um elemento vital da formulação da estratégia ou do planeamento estratégico. De acordo com Wheelen e Hunger (2012, p.176), a formulação estratégica envolve o desenvolvimento da missão corporativa, objectivos alcançáveis, estratégias (opções estratégicas) e políticas para uma organização. O processo de opções estratégicas envolve a geração de estratégias diferentes ou alternativas que uma organização pode escolher para atingir as suas metas e objectivos empresariais. A análise SWOT, o modelo das cinco forças, a análise do grupo estratégico e a análise da cadeia de valor (Johnson et al., 2008) e a análise das lacunas são algumas ferramentas úteis para a criação de opções estratégicas de uma organização. É de salientar que a análise das lacunas visa colmatar a lacuna entre o desempenho provável (previsto) das actividades actuais da organização e o seu desempenho desejado. Quando existe uma lacuna, a organização deve desenvolver e implementar estratégias adequadas para a colmatar.

Murphy (2011, p.38) observa que "o objetivo do desenvolvimento de uma estratégia é obter uma vantagem sobre os concorrentes". É imperativo que as estratégias escolhidas (opções estratégicas) proporcionem a criação e/ou manutenção de uma vantagem competitiva na área de atividade ou negócio selecionado (Murphy, 2011).

A identificação das opções estratégicas ocorre a dois níveis: Nível corporativo e nível SBU - strategic business unit (divisões ou departamentos) (Johnson et al., 2008). Na determinação das opções estratégicas ao nível corporativo, uma organização precisa de considerar a sua estrutura de propriedade, missão, âmbito e diversidade de serviços e a dimensão global (Johnson et al., 2008). Estes autores sugerem que, ao nível das UIS, a empresa deve procurar alcançar uma vantagem competitiva, satisfazendo as necessidades dos seus clientes de forma mais eficaz do que os seus concorrentes e de uma forma que seja difícil de imitar. Os clientes podem escolher entre as ofertas das empresas concorrentes com base no preço ou na perceção do valor acrescentado dos serviços. Em pequenas empresas como as práticas da QS em países em desenvolvimento como Santa Lúcia, a sua estratégia a nível da empresa é a mesma que a sua estratégia a nível do negócio.

A análise de lacunas pode ser utilizada pelas práticas de SQ para identificar a lacuna entre a sua posição prevista ou esperada com base nas actividades existentes e a sua posição futura desejada, e para decidir como colmatar a lacuna. As práticas de SQ devem adotar novas estratégias e/ou modificar as estratégias e os objectivos para colmatar qualquer lacuna identificada (Wheelen e Hunger, 2012). Para realizar as opções estratégicas selecionadas (estratégias) que conduzirão ao sucesso empresarial, as práticas de SQ exigirão a utilização das competências actuais e/ou o desenvolvimento de novas competências.

Uma organização pode adotar as seguintes estratégias empresariais para o seu desenvolvimento, crescimento e prosperidade futuros: estratégia baseada nas competências de base, estratégias de crescimento, estratégias competitivas, estratégias inovadoras, estratégias globais e diversificação:

2.4.3.1. Estratégia baseada nas competências de base

Esta estratégia consiste no facto de uma empresa ou profissional gerir e utilizar as suas competências essenciais para obter vantagens competitivas e, consequentemente, melhorar o seu desempenho empresarial. A importância e a gestão das competências nucleares como meio de obter vantagens competitivas são salientadas em muitas das principais publicações sobre estratégia e gestão empresarial (Ansoff 1984; Prahalad e Hamel, 1990, 1994; Campbell e Luchs, 1997; Lynch 2003). Campbell e Luchs (1997) argumentam que a capacidade de manter e desenvolver competências nucleares colocará a empresa ou o profissional bem à frente da concorrência num ambiente empresarial altamente competitivo.

Por conseguinte, as empresas ou os profissionais devem desenvolver e utilizar os seus recursos estratégicos para converter as competências distintivas (ou essenciais) em vantagens competitivas que satisfaçam os requisitos do mercado e dos clientes (Wheelen e Hunger, 2012). Afirmam que as competências essenciais ou distintivas proporcionam oportunidades estratégicas, em vez de limitações para a empresa ou o profissional. Como mencionado anteriormente, Ofori e Toor (2009) argumentam que os PSQs devem utilizar as suas competências nucleares para assumir um papel de liderança no sector da construção e na sociedade.

2.4.3.2. Estratégias de crescimento

As estratégias de crescimento tratam da expansão das actividades da empresa (Wheelen e Hunger, 2012) ou do crescimento dos activos e capacidades existentes da empresa (recursos e competências) para obter mais rendimento e desenvolver a sua posição no mercado

(Ercan, 2012). Arditi et al. (2008) sugerem que as estratégias de crescimento também podem ser aplicadas quando o principal objetivo da empresa é aumentar o seu volume de negócios. Ercan (2012) argumenta que qualquer tipo de estratégia de crescimento emana de duas maneiras:

1. Alterar a descrição da atividade existente. Isto inclui a adição de novos produtos e serviços, a entrada em novos mercados, alianças, etc.).

2. Alterar a velocidade e a eficiência das actividades (aumento da capacidade de produção, alterações das actividades de marketing, etc.).

Ling et al. (2005) citado em Ercan (2012) na sua investigação sobre estratégias de negócio de empresas de construção identificam quatro tipos de estratégias de crescimento: (1) Entrada em mercados de novas regiões; (2) Prestação de serviços de projectos de novo tipo; (3) Entrada numa nova área de negócio; e (4) Aquisição ou alianças. Assim, as empresas QS podem seguir as estratégias de crescimento para aumentar a sua quota de mercado; ou expandir os seus mercados a nível internacional ou local; ou envolver-se num novo negócio, como uma aliança estratégica e oferecer novos serviços aos clientes (Abidin et al., 2011).

2.4.3.3. Estratégia competitiva

A estratégia competitiva (genérica) diz respeito à base sobre a qual uma organização ou as suas unidades de negócio podem alcançar uma vantagem competitiva (Johnson et al., 2008) ou assegurar a competitividade a longo prazo (Abidin et al. 2010) no seu mercado. Porter (1980) identifica três estratégias competitivas genéricas que uma organização deve seguir para superar os concorrentes num sector: liderança global em termos de custos, diferenciação e focalização (nicho de mercado). Muitos autores proeminentes utilizaram estas estratégias na análise do sector da construção (Betts e Ofori, 1994; Jennings e Betts, 1996; Price et al., 2003). Em particular, Jennings e Betts (1996) descobriram que a estratégia competitiva é aplicável às práticas de QS.

A profissão de SQ está atualmente a operar em condições hipercompetitivas (concorrência frequente e agressiva entre rivais). A velocidade, a flexibilidade, a inovação e a vontade de mudar estratégias bem sucedidas são, portanto, bases importantes do sucesso competitivo em condições hipercompetitivas (Johnson et al., 2008). Os gestores têm de aprender a ser melhores a fazer as coisas mais depressa do que os concorrentes. D'Aveni (1995), citado em Johnson et al. (2008), propõe as seguintes estratégias competitivas em condições de hipercompetição: canibalizar as bases do sucesso; as pequenas acções podem ser mais eficazes do que as grandes; perturbar o status quo; ser imprevisível; e enganar a concorrência.

2.4.3.4. Estratégia de liderança de custos

Porter (1980) define a liderança em custos como o produtor de baixo custo no seu sector que deve encontrar e explorar todas as fontes de vantagem em termos de custos. Arcan (2012) argumenta que a liderança em custos permite a uma empresa alcançar um desempenho acima da média no seu sector. Johnson at el. (2008) sugerem que, se uma organização pretende alcançar uma vantagem competitiva através de uma estratégia de baixo custo/preço, tem duas opções básicas: (1) Pode identificar um segmento de mercado que não seja atrativo (ou inacessível) para os concorrentes, a fim de evitar pressões competitivas para reduzir o preço; e (2) A estratégia deve ser prosseguida para obter uma base de baixo custo.

A estratégia de liderança de custos é útil nas empresas de construção (por exemplo, práticas de SQ), particularmente à luz das rápidas mudanças no ambiente empresarial, tais como a intensidade da concorrência de honorários, a concorrência de outros profissionais e os desenvolvimentos nos métodos de aquisição. Jennings e Betts (1996) argumentam que o potencial de liderança de custos nas práticas de SQ reside na criação de eficiências internas e na otimização da utilização de recursos para reduzir a base de custos.

2.4.3.5. Estratégia de diferenciação

De acordo com Johnson e Scholes (1999), a estratégia de diferenciação tem por objetivo fornecer produtos ou serviços que ofereçam benefícios diferentes dos oferecidos pelos concorrentes. Estes benefícios são valorizados pelos clientes, pelo que podem conduzir a um aumento da quota de mercado e da satisfação dos clientes. A diferenciação é particularmente atractiva quando proporciona a oportunidade de oferecer um prémio de preço para aumentar as margens de lucro. Neste caso, os clientes reconhecerão a diferenciação e aceitarão que esta se reflicta no preço do produto ou serviço. Jennings e Betts (1996) indicaram que muitas empresas de SQ estão a adotar a diferenciação como estratégia comercial.

O sucesso de uma abordagem de diferenciação dependerá provavelmente de dois factores-chave: Identificar e compreender o cliente estratégico e identificar os principais concorrentes (Johnson at el., 2008). Esta estratégia pode ser alcançada através do seguinte (Johnson e Scholes, 1999): Exclusividade ou melhoria dos serviços - os PSQs podem investir em TI e TIC e adotar métodos de melhoria do desempenho e dos processos, tais como TQM, produção enxuta, balanced scorecard e gestão do conhecimento; abordagem baseada no marketing - neste caso, os PSQs demonstrarão melhor do que a concorrência como o seu produto ou serviço satisfaz as necessidades do cliente; e abordagem baseada na competência - os PSQs podem basear-se nas competências distintivas como fonte de vantagem competitiva.

2.4.3.6. Estratégia de focalização

Uma estratégia de focalização implica a aplicação de uma das estratégias de liderança de custos e de diferenciação acima referidas a um segmento de mercado ou sector específico de uma indústria, a fim de obter uma vantagem competitiva (Porter, 1980). Os exemplos para os PSQ podem incluir a concentração num sector específico (por exemplo, construção residencial ou não residencial), numa área geográfica (por exemplo, apenas Londres) ou o desenvolvimento de uma especialização (por exemplo, sustentabilidade na construção).

Estas estratégias genéricas podem ser imitadas ao longo do tempo e não são susceptíveis de proporcionar uma vantagem competitiva sustentável num ambiente incerto e em rápida mutação (Johnson et al., 2008). O autor afirma ainda que uma organização que procura uma vantagem competitiva pode ser capaz de a sustentar de duas formas: (1) Estratégia de preço baixo: aceitar uma margem de lucro reduzida, ganhar uma guerra de preços, reduzir os custos e concentrar-se em segmentos específicos; e (2) Criar dificuldades de imitação, conseguir uma mobilidade imperfeita de recursos e competências e reinvestir a margem.

2.4.3.7. Estratégia inovadora

Podem ser descritos como investimentos em I&D, aprendizagem organizacional e utilização de novas tecnologias inovadoras nas operações e processos organizacionais (Arcan, 2012). A utilização de novas tecnologias no processo de conceção e construção pode permitir que os PSQ e outros profissionais da construção satisfaçam os requisitos do cliente em termos de custo, tempo e qualidade. Olantunji et al. (2010) afirmam que os avanços na tecnologia de desenho têm o potencial de afetar as formas como os PSQs realizam o seu trabalho. Também afirmam que os sistemas BIM têm o potencial de revolucionar a prática atual dos QS e de automatizar a medição de quantidades a partir de desenhos de construção e facilitar a preparação de estimativas precisas.

O imperativo da aprendizagem é sustentado pela convicção de que criará inovação organizacional. Muitos investigadores e profissionais salientam a importância da aprendizagem organizacional e da organização aprendente num período de mudança ambiental. Carnell (2007) sugere que a aprendizagem organizacional tem lugar como consequência do seguinte: trabalho em equipa multifuncional, alianças estratégicas e joint ventures, focalização estratégica e muito mais. Davis et al (2007) argumentam que o conceito de organização que aprende evoluiu como resposta a um ambiente empresarial dinâmico e em rápida mudança, que está constantemente a evoluir. Explicam também a importância da gestão do conhecimento para a aprendizagem organizacional. As estratégias inovadoras são aplicáveis às empresas de SQ e constituem um meio potencial para alcançar uma vantagem competitiva sustentável em relação aos concorrentes.

2.4.3.8. Estratégia global

A estratégia global é a base em que uma organização procura oferecer os seus produtos ou serviços nos mercados internacionais. Johnson e Scholes (1999) sugerem que muitas organizações consideram atualmente que a prossecução de estratégias globais oferece vantagens distintas em termos de redução de custos, melhoria da qualidade, melhor capacidade de satisfazer as necessidades dos clientes e maior alavancagem competitiva. Esta estratégia oferece uma oportunidade de liderança de mercado à escala mundial e, por conseguinte, aumenta a quota de mercado e a rentabilidade. Uma boa coordenação, redes e relações empresariais são fundamentais para o êxito das estratégias globais.

2.4.3.9. Estratégia de diversificação

"A diversificação é estritamente uma estratégia que afasta a organização tanto dos seus mercados actuais como dos seus produtos ou serviços existentes" (Johnson et al., 2008, p.262). Afirmam ainda que envolve a exploração das actuais competências essenciais de uma organização para fornecer novos serviços em novos mercados e é também onde se desenvolvem novas competências para os novos mercados. A diversificação pode ser escolhida como uma estratégia por uma organização pelas seguintes razões (Johnson et al., 2008): ganhos de custos, aumento do poder ou da quota de mercado, resposta ao declínio do mercado, distribuição dos riscos e satisfação das expectativas das partes interessadas.

Existem dois tipos principais de estratégias de diversificação: relacionadas e não relacionadas (Johnson e Scholes, 1999; David 2011; Wheelen e Hunger, 2012). A diversificação relacionada envolve a adição de produtos ou serviços novos, mas relacionados, a novos mercados (David 2011). É quando uma organização vai além dos mercados e serviços actuais (o seu negócio atual), mas ainda dentro dos limites da indústria (por exemplo, construção) em que opera (Johnson e Scholes, 1999). Por exemplo, um PSQ pode prosseguir a diversificação relacionada, passando para o domínio da construção, como a engenharia civil, a instalação mecânica e eléctrica. Entretanto, a diversificação não relacionada (Conglomerado) é aquela em que a organização se move para além (fora) dos limites da sua indústria atual (Johnson e Scholes, 1999; Wheelen e Hunger, 2012). Por exemplo, é aqui que o PSQ decide diversificar, fornecendo novos serviços de SQ a sectores não relacionados, como o gás e o petróleo.

2.4.3.10. Outras estratégias

Para além das estratégias de diversificação, David (2011) sugere que uma empresa pode seguir as seguintes estratégias: estratégias de integração, estratégias intensivas e estratégias defensivas. David (2011) descreve cada estratégia da seguinte forma:

- **As estratégias de integração** incluem a integração progressiva, a integração retrospetiva e a integração horizontal. Uma das principais razões para adotar estratégias de integração progressiva, regressiva e horizontal é obter benefícios de liderança de custos de baixo custo ou de melhor valor (semelhante à liderança de custos).

- **As estratégias intensivas** requerem esforços intensivos para melhorar a posição competitiva da empresa com os produtos ou serviços existentes. Estas estratégias incluem a penetração no mercado, o desenvolvimento do mercado e o desenvolvimento de produtos. A penetração no mercado implica procurar aumentar a quota de mercado dos produtos ou serviços actuais nos mercados actuais através de maiores esforços de marketing; o desenvolvimento do mercado consiste em introduzir os produtos ou serviços actuais em novas áreas geográficas (mercados); e o desenvolvimento de produtos implica procurar aumentar as vendas melhorando os produtos ou serviços actuais ou desenvolvendo novos. As estratégias de penetração de mercado e de desenvolvimento de mercado oferecem vantagens substanciais em termos de focalização (semelhantes às estratégias de focalização).

- **As estratégias defensivas** incluem a contenção (estratégia de recuperação), o desinvestimento ou a liquidação.

Os QSP podem seguir uma ou uma combinação de duas ou mais das estratégias acima mencionadas para atingir os seus objectivos comerciais. Devido à limitação de recursos, os PSQ não poderão adotar todas as estratégias acima referidas que possam ser benéficas para a sua prática. Por conseguinte, para que as suas estratégias exploradas sejam bem sucedidas, têm de fazer corresponder as suas competências e capacidades às exigências do mercado e dos clientes, tal como sugerido por Peece et al. (1997). Está fora do âmbito do estudo examinar em pormenor a avaliação, seleção e implementação das opções estratégicas disponíveis para uma organização (prática de SQ).

3. Metodologia de investigação

3.1. Introdução

Este capítulo fornece uma discussão sobre as metodologias de pesquisa, incluindo abordagens, estratégias e técnicas escolhidas para abordar o objetivo e os objectivos da pesquisa. Neste estudo, foi empregue uma abordagem de investigação mais qualitativa que é uma abordagem de tipo principalmente exploratório, e pretende fornecer uma visão e compreensão valiosas do papel em evolução dos avaliadores de quantidade na indústria de construção de Santa Lúcia.

3.2. Paradigma e abordagem da investigação

De acordo com Denscombe (2010, 326), "o paradigma de investigação refere-se a um conjunto de crenças e práticas associadas a um determinado estilo de investigação". O paradigma de investigação sublinha que a investigação deve ser geralmente conduzida de acordo com uma filosofia e uma visão do mundo específicas. Neste estudo, foram utilizados dois grandes paradigmas filosóficos de investigação (filosofias) que existem no domínio da investigação em ciências sociais e empresariais, nomeadamente o positivismo e a fenomenologia (Collis e Hussey, 2003).

O paradigma fenomenológico parte do princípio de que a realidade é socialmente construída e que as pessoas lhe atribuem diferentes significados (Denscombe, 2010). Além disso, a investigação fenomenológica enfatiza a subjetividade, a descrição e a interpretação do fenómeno investigado, e reconhece a possibilidade de múltiplas realidades (Denscombe, 2010). Na investigação fenomenológica, o investigador é inseparável do fenómeno em estudo (Robson, 2011). Neste estudo, o paradigma fenomenológico (qualitativo) foi utilizado para fornecer uma compreensão ou descrição dos pontos de vista e experiências dos PSQs sobre os fenómenos em estudo (Denscombe, 2003, 2010; Fellows e Liu, 2008), tais como os efeitos das mudanças ambientais nos PSQs e na sua prática. Este será o paradigma predominante, que assumirá a forma de entrevistas semi-estruturadas com os PQS seniores para obter uma visão significativa do objeto de estudo.

Em alternativa, o paradigma do positivismo (quantitativo) enfatiza a objetividade, a medição, a análise e uma realidade universal, e procura a explicação da relação causal entre variáveis (Denscombe, 2010). O investigador é independente da realidade ou dos actores sociais

(Saunders et al., 2012). O positivismo foi utilizado na investigação sob a forma de um inquérito por questionário generalizado que será realizado entre os QSP registados no Institute of Surveyors (St. Lucia) (ISSL).

Saunders et al. (2009) sugerem que uma abordagem de investigação é composta por dois tipos: indutiva e dedutiva. A abordagem indutiva é aquela em que a investigação começa com a recolha (e análise) de dados para explorar o fenómeno e depois constrói a teoria com os dados analisados (Saunders et al., 2009). Esta abordagem baseia-se no desenvolvimento da teoria depois de os dados terem sido recolhidos (Saunders et al., 2009, 2012) e está estreitamente associada à investigação fenomenológica. Em contraste, a abordagem dedutiva é aquela em que a teoria (e a hipótese ou hipóteses) é desenvolvida antes da recolha de dados e subsequentemente testada utilizando os dados recolhidos em situações do mundo real (Robson, 2011; Saunders et al., 2012).

A investigação é principalmente de natureza dedutiva, na medida em que serão investigados aspectos específicos do papel dos PQS no âmbito da profissão de PQS como um todo. A abordagem dedutiva é adequada para esta investigação, uma vez que já existe alguma literatura sobre o papel dos PQS para construir a teoria. Por conseguinte, a investigação começou com uma extensa revisão do papel dos PSQ e de outra literatura relevante para desenvolver a teoria a testar. A estratégia de inquérito foi utilizada para aplicar e testar empiricamente a teoria no contexto de Santa Lúcia.

Do mesmo modo, Krishnaswamy e Satyaprasad (2010, p.5) identificam "duas abordagens básicas para a investigação, nomeadamente a abordagem quantitativa e a abordagem qualitativa". Brett (2007) e Punch (2005) explicam a importância das abordagens qualitativas e quantitativas numa investigação. Krishnaswamy e Satyaprasad (2010) afirmam ainda que a abordagem qualitativa é utilizada para assegurar os resultados, enquanto a abordagem quantitativa se baseia principalmente na quantidade ou no montante.

De um modo geral, um investigador pode escolher entre três opções metodológicas para obter uma conceção de investigação coerente: investigação quantitativa, qualitativa ou de métodos mistos (Denscombe 2010; Saunders et al., 2009, 2012). O paradigma fenomenológico pode utilizar métodos múltiplos (métodos mistos) de investigação para estabelecer diferentes pontos de vista sobre um fenómeno em estudo (Easterby-Smith et al., 2002). Uma conceção de investigação de métodos mistos (MMR) envolve a utilização de abordagens quantitativas e qualitativas para proporcionar uma melhor compreensão dos problemas e questões de investigação do que qualquer uma das abordagens por si só (Creswell e Plano Clark, 2007, p.5). O principal objetivo do MMR é aproveitar os pontos fortes e neutralizar os pontos fracos de ambas as abordagens numa única investigação (Denscombe 2010). Greene, Caracelli e Graham (1989) identificam cinco razões principais para empregar uma investigação de métodos mistos num estudo: triangulação; complementaridade; desenvolvimento; iniciação; e expansão. No entanto, a utilização do MMR pode aumentar o tempo e os custos da investigação (Denscombe 2010).

Dado que a investigação fenomenológica é considerada a perspetiva predominante no estudo e que o estudo é de natureza exploratória, a abordagem de investigação de método misto (qualitativo e quantitativo) seria adequada. Este estudo envolve a recolha de dados qualitativos através de entrevistas semi-estruturadas, primeiro para explorar em profundidade o assunto em questão, e depois a recolha de dados quantitativos a partir de um inquérito por questionário para construir ou expandir os resultados da primeira fase (Creswell, 2009).

3.3. Conceção e estratégia da investigação

A conceção da investigação é indispensável para um projeto de investigação e é um plano provisório estabelecido para orientar o projeto de investigação (Krishnaswamy e Satyaprasad, 2010). Segundo Robinson (2002), a conceção da investigação consiste em converter as questões de investigação, a finalidade e os objectivos no projeto de investigação (realidade). Por conseguinte, foram escolhidas abordagens, estratégias e métodos/técnicas adequadas para cumprir o objetivo geral e os objectivos do projeto de investigação.

Fellows e Liu (2008) descrevem vários tipos de investigação, incluindo descritiva, explicativa, interpretativa, instrumental e exploratória. Neste projeto de investigação, será utilizado o tipo de investigação descritiva, que visa identificar e registar um fenómeno (Fellows e Liu, 2008) e será realizada através de inquéritos. Trata-se de uma investigação de apuramento de factos com um enfoque adequado em aspectos ou dimensões particulares do problema estudado (Krishnaswamy e Satyaprasad (2010). É exploratória, até certo ponto, quando se procura uma melhor compreensão e visão do fenómeno em território inexplorado (Sekaran, 2003). Como resultado, este tipo foi utilizado pelo investigador para recolher dados dos PSQ que têm um conhecimento profundo e uma compreensão perspicaz do seu papel diversificado, dos efeitos ambientais que têm impacto na sua prática e na indústria da construção e das estratégias que pretendem seguir para moldar o seu papel e a sua prática.

Para este estudo, foi utilizada a seguinte abordagem ou plano:

- Revisão da literatura ou de estudos anteriores sobre o tema em causa;
- Determinar os objectivos do estudo;
- Determinar estratégias e métodos de investigação para o estudo;
- Preparação de um questionário e de um inquérito por entrevista, utilizando os resultados da revisão da literatura;
- Recolha de dados através da realização de um inquérito por questionário e de entrevistas com os participantes selecionados;
- Análise dos dados recolhidos e apresentação das conclusões; e
- Finalização do relatório.

Bryman (2012) sugere que a estratégia de investigação é a orientação geral para a realização da investigação. O investigador deve procurar escolher a estratégia de investigação mais adequada e os métodos que fazem parte dessa estratégia. A escolha da estratégia de investigação pelos investigadores basear-se-á na(s) sua(s) pergunta(s) de investigação e nos seus objectivos, na coerência com que estes se ligam à sua filosofia de investigação, na abordagem e no objetivo da investigação, na extensão dos conhecimentos existentes, na quantidade de tempo e noutros recursos de que dispõem e no seu acesso a potenciais participantes e a outros recursos de dados. (Saunders et al., 2012, p.173). De acordo com Krishnaswamy e Satyaprasad (2010, p.10), os métodos de estudo (*estratégias*) de investigação podem ser classificados como: investigação experimental, estudo analítico, investigação histórica e inquérito. Por outro lado, Saunders et al. (2012) sugerem que as estratégias de investigação comuns incluem, entre outras, a experiência, o inquérito, o estudo de caso, a investigação-ação e a etnografia.

O inquérito foi a estratégia de investigação escolhida para a realização do estudo, uma vez que a sua principal ênfase é a recolha de factos (Bell, 2010; Krishnaswamy e Satyaprasad, 2010). Envolve "a recolha de dados diretamente da população ou de uma amostra da mesma num determinado momento" (Krishnaswamy e Satyaprasad (2010, p.15). De acordo com Denscombe (2010), as três principais caraterísticas da estratégia de inquérito incluem:

cobertura ampla e inclusiva do fenómeno em estudo, os dados são recolhidos num momento específico e trata-se de uma investigação empírica. O inquérito pode ser útil na investigação exploratória e descritiva e está frequentemente associado à abordagem dedutiva da investigação (Saunders et al., 2012).

Um inquérito é uma investigação de alguns aspectos de uma população que pode envolver a recolha de dados qualitativos e quantitativos (Dray, 2004; Denscombe, 2010). Quando o inquérito é utilizado para produzir dados quantitativos através de questionários, é provável que os dados gerados careçam de pormenores ou de profundidade sobre o fenómeno que está a ser investigado e que favoreçam a amplitude da cobertura (Denscombe, 2010). Quando o inquérito utiliza métodos de entrevista, pode produzir dados ricos e pormenorizados (Denscombe, 2010). Neste estudo, a estratégia de inquérito foi utilizada para proporcionar uma cobertura ampla e profunda dos dados recolhidos junto dos inquiridos.

Há uma série de métodos ou técnicas possíveis de recolha de dados primários que podem ser utilizados para a estratégia de inquérito, incluindo o questionário, as entrevistas, a análise de provas documentais e os estudos de observação (Denscombe, 2010), bem como a análise de dados secundários. A revisão da literatura, o questionário e as entrevistas utilizados no estudo serão discutidos e justificados a seguir.

3.4. Métodos de investigação: técnicas de recolha de dados

O investigador recolheu dados secundários e primários para abordar o problema de investigação e cumprir os objectivos da investigação. As técnicas de recolha de dados adoptadas neste estudo são analisadas nas secções seguintes.

3.4.1. Técnicas de recolha de dados secundários

Revisão da literatura: Os dados secundários foram recolhidos através de uma análise crítica da literatura relevante sobre o fenómeno para gerar a revisão da literatura. Os principais objectivos da revisão da literatura são situar o estudo que está a ser realizado no contexto teórico e mais vasto do seu domínio específico (Saunders et al., 2009), e informar e proporcionar maior clareza nas questões de investigação (Saunders et al., 2009; Bryman e Bell, 2011). Também proporcionou uma compreensão teórica alargada da área de investigação, em particular a mudança do papel dos QS e os efeitos das mudanças ambientais no papel dos avaliadores de quantidades e na sua profissão, para ajudar a informar a conceção da investigação e a análise de dados (Saunders et al., 2009). Fornece bases úteis para formular as perguntas da entrevista e do questionário (Saunders et al., 2009). Livros, revistas, artigos de conferências, relatórios e teses foram as principais fontes secundárias da revisão da literatura no estudo (Saunders et al., 2009).

3.4.2. Técnicas de recolha de dados primários

As técnicas de recolha de dados primários do inquérito que foram utilizadas para esta investigação são as seguintes

1. Entrevistas e
2. questionário

As entrevistas e o questionário foram as principais técnicas de recolha de dados para o estudo de investigação. As entrevistas fornecem os dados qualitativos para análise. Por sua vez, o questionário forneceu os dados quantitativos sobre as percepções dos profissionais sobre o assunto em causa.

3.4.2.1. Entrevistas

Uma entrevista pode ser definida como uma conversa sistemática bidirecional entre o investigador e o entrevistado, em que o investigador procura obter informações relevantes para um estudo específico fazendo ao entrevistado uma série de perguntas (Krishnaswamy e Satyaprasad, 2010). Robson (2002) e Saunders et al. (2012) referem que existem três técnicas principais que podem ser utilizadas para realizar entrevistas de investigação, nomeadamente entrevistas totalmente estruturadas, entrevistas semiestruturadas e entrevistas não estruturadas. Neste estudo, foi utilizada a técnica de entrevista semi-estruturada, que seguiu perguntas pré-determinadas, mas a sua ordem foi por vezes alterada quando necessário. Estas entrevistas proporcionaram uma visão profunda do fenómeno a ser investigado (Denscombe, 2010) e ajudaram a captar os múltiplos pontos de vista dos inquiridos.

A técnica de entrevista semi-estruturada foi adequada para o objetivo deste estudo devido à falta de informação existente relacionada com o assunto (Robson, 2002) para a população em estudo. Também é adequada para este estudo, uma vez que pode ser posicionada no âmbito da investigação fenomenológica, que foi utilizada para explorar os significados subjectivos que os inquiridos atribuem ao fenómeno que está a ser investigado (Gray, 2004). Esta técnica proporcionou um foco claro em cada reunião de entrevista, ao mesmo tempo que garantiu adaptabilidade ou flexibilidade na forma como as questões foram discutidas (Robson, 2002;

Denscombe, 2010); e também deu a oportunidade de sondar os inquiridos para obter explicações mais completas das suas respostas quando necessário (Gray, 2004) e para compreender o contexto (Saunders et al., 2012). Uma das principais limitações desta técnica é o facto de poder ser dispendiosa, tanto em termos de dinheiro como de tempo (Krishnaswamy e Satyaprasad, 2010).

As perguntas da entrevista, tal como se mostra no **apêndice 5**, foram desenvolvidas com base na revisão da literatura existente e antes da realização das entrevistas. É de notar que serão selecionados para as entrevistas os avaliadores de quantidade seniores, porque se presume que têm um conhecimento e experiência profundos sobre o fenómeno e as questões-chave que a indústria enfrenta.

A entrevista inclui 9 perguntas em secções que incluem as funções dos PSQ, a análise do ambiente empresarial, opções estratégicas e formas de melhorar as práticas de SQ e outros comentários gerais. Isto facilitou a análise de secções cruzadas ou de casos e a análise de amostras cruzadas. Foram efectuadas onze (11) entrevistas e cada entrevista demorou aproximadamente meia hora a uma hora. Os participantes na entrevista foram inicialmente contactados por telefone para explicar brevemente o âmbito e o objetivo do estudo, bem como o que lhes seria exigido caso aceitassem participar. As datas e horas das entrevistas foram previamente acordadas com os participantes.

3.4.2.2. Inquérito por questionário

Outra técnica de investigação que contribuiu para a investigação foi o inquérito por questionário. Este foi concebido na sequência de uma investigação e análise exaustivas da literatura existente no domínio da investigação. Os estudos anteriores sobre o papel dos SQ e a gestão estratégica ou empresarial fornecem bases úteis para a formulação das perguntas do questionário. Além disso, as questões centrais que emanarão da fase de entrevista serão incorporadas no questionário. Os pontos fortes do inquérito por questionário residem na generalização dos resultados, no custo relativamente baixo e na capacidade de fornecer respostas padronizadas (Denscombe, 2010). A cópia do questionário é apresentada no apêndice 6 e os documentos associados são apresentados no apêndice 7 (descrição das competências de QS), no apêndice 8 (formulário de consentimento dos participantes na investigação) e no apêndice 9 (avaliação do questionário do estudo-piloto).

A tónica dos inquéritos por questionário é colocada principalmente na amplitude da cobertura dos dados recolhidos, de modo a que as conclusões tiradas representem a população em estudo.

Os questionários foram distribuídos em mão e por correio eletrónico aos potenciais inquiridos. A maioria dos questionários foi administrada presencialmente e outros foram preenchidos e enviados por correio eletrónico. O investigador fez o acompanhamento enviando e-mails ou telefonando aos participantes. Todas estas foram formas de tentar obter uma taxa de resposta elevada com esta técnica (superior a 30%). Uma taxa de resposta de cerca de 30% para um estudo deste tipo no sector da construção é considerada adequada.

O questionário do inquérito é composto por quatro secções com perguntas essencialmente fechadas. A conceção do questionário foi semelhante à das entrevistas semi-estruturadas, garantindo assim a coerência e a conformidade da análise dos dados. Os questionários foram mantidos com uma extensão razoável, para garantir uma participação óptima dos inquiridos no processo. A construção de questionários de elevada qualidade é uma forma de arte altamente desenvolvida no âmbito da prática da investigação científica que pode "assegurar o significado consistente das perguntas para todos os inquiridos e pode contribuir para a qualidade dos dados, diminuindo a não-resposta de itens e unidades" (Synodinos, 2003, p.221).

Foi pedido aos inquiridos que classificassem ou atribuíssem uma pontuação de acordo com a importância relativa ou o impacto numa escala contínua, uma escala de Likert (1932) de 5 pontos, em que o valor 1 representa o menos importante/menos impacto e o valor 5 representa o mais importante/menos impacto para as perguntas fechadas. Relativamente às questões/afirmações pontuadas, o investigador analisou os dados calculando matematicamente a média ou a pontuação média de cada questão ou afirmação. A pontuação média será calculada somando todas as pontuações reais de uma determinada afirmação/pergunta dadas pelos participantes da amostra e, em seguida, dividindo o total pelo tamanho total da amostra. A média para cada pergunta/declaração é dada da seguinte forma:

Média = 5.x1 + 4.x2+ 3.x3 + 2.x4+ 1x5 /(x1+x2+x3+x4+x5)

Onde:

x1 : Número de inquiridos que responderam ser extremamente importante/muito importante Impacto x 2 : Número de inquiridos que responderam Muito importante/impacto elevado

xi 3 : Número de inquiridos que responderam ser moderadamente importante/impacto moderado

xii4 : Número de inquiridos que responderam pouco importante/pouco impacto

xiii 5 : Número de inquiridos que responderam não ser importante/não ter impacto. = multiplicar

Os resultados destas análises serão triangulados com a análise das transcrições das entrevistas. A triangulação envolve a utilização de duas ou mais fontes independentes de dados ou métodos de recolha de dados num estudo para corroborar as conclusões de um método/fonte com as conclusões de um método/fonte diferente (Bryman, 2006; Denscombe, 2010). Uma das principais vantagens do questionário em comparação com as entrevistas é que a recolha de dados dos questionários pode ser facilmente comparada entre os participantes, uma vez que lhes será pedido que respondam às mesmas perguntas, que têm um número limitado de respostas. Por outro lado, um ponto fraco das abordagens das entrevistas e dos questionários é que ambas dependem da exatidão e da honestidade das respostas relativas à forma como os inquiridos se comportam ou no que acreditam.

3.4.3. Estudos-piloto

Foram realizados estudos-piloto das entrevistas semi-estruturadas e do inquérito por questionário antes de se iniciar o estudo principal, para avaliar a adequação das perguntas. Synodinos, (2003) salienta que os testes-piloto ou pré-testes ajudam os investigadores a aperfeiçoar os instrumentos e os procedimentos de campo. O teste-piloto visa minimizar quaisquer problemas que os inquiridos possam ter ao responder às perguntas dos instrumentos de investigação (Saunders et al., 2012). Robson (2002) afirma que o teste-piloto de um questionário ou de uma entrevista ajuda a detetar alguns dos problemas inevitáveis da conversão da sua conceção em realidade e a garantir que as perguntas em qualquer um deles são compreensíveis e inequívocas. Outras questões que poderiam ser utilmente incluídas (ou excluídas) no questionário/entrevista podem vir à tona após o esclarecimento dos inquiridos-piloto (UoS, 2013), o que constitui uma vantagem do teste-piloto. Bell (2010) argumenta que é necessário efetuar um teste-piloto cuidadoso para garantir que todas as perguntas têm o mesmo significado para todos os inquiridos.

Três profissionais de SQ participaram no estudo-piloto, tanto para o inquérito por questionário como para as entrevistas, o que proporcionou uma visão inestimável sobre a evolução do papel da SQ em Santa Lúcia e sobre a conceção dos instrumentos. O feedback dos testes-piloto foi utilizado para modificar a conceção do questionário ou da entrevista. No caso do questionário, as reacções foram obtidas através de um formulário de avaliação do estudo-piloto, tal como indicado no **apêndice 8**. Por exemplo, os participantes no teste-piloto do questionário pediram definições para cada uma das funções da QS e para as estratégias comerciais declaradas, que foram incorporadas antes de se efetuar o estudo principal.

3.5. Análise de dados

Foram utilizados métodos manuais de análise de dados e interpretação dos resultados (Bell, 2010), uma vez que a dimensão da população do estudo era pequena. O objetivo da análise das entrevistas foi determinar o significado dos dados. Ao fazê-lo, o investigador tentou desenvolver padrões e compreender as percepções, opiniões e pontos de vista dos inquiridos na área de estudo. As respostas devem ser documentadas através da gravação áudio e/ou da tomada de notas da entrevista (Gray, 2004, p.217). A maior parte das entrevistas semi-estruturadas foram registadas através de gravação áudio e depois transcritas e analisadas. Foram tomadas notas em três entrevistas que não foram gravadas. O investigador assegurou o anonimato e a confidencialidade da identidade dos inquiridos, atribuindo a cada um deles um código.

A análise temática foi utilizada para analisar os dados qualitativos das entrevistas semi-estruturadas, que exploraram ou examinaram potenciais padrões (ou temas) nos dados (Braun e Clarke, 2006). Estes temas serão representativos das percepções ou pontos de vista dos participantes no estudo. As citações mais úteis foram selecionadas das entrevistas e utilizadas na apresentação dos resultados (ver quadro 3.1). Relativamente ao questionário, os dados quantitativos foram recolhidos, tabulados e analisados utilizando o Microsoft (MS) Excel.

Para a análise de dados qualitativos, Miles e Huberman (1994, p.56) explicam que os códigos são etiquetas ou rótulos para atribuir unidades de significado à informação descritiva ou inferencial compilada durante um estudo. Defendem que a codificação permite ao investigador dar passos no sentido de tirar conclusões. Os códigos foram atribuídos aos inquiridos de acordo com o quadro 3.1 abaixo, a fim de manter a sua identidade anónima e confidencial. A entrevista inclui perguntas abertas. Neste caso, todas as respostas foram dactilografadas e, em seguida, o investigador conseguiu identificar itens ou temas recorrentes, com base no sistema de gestão de códigos adotado para a investigação, tal como apresentado no **Anexo 10.**

Quadro 3.1 Citações úteis dos inquiridos

#	Inquiridos	Designação	Citações úteis
1	RI 1	FRICS	"Os factores jurídicos não tiveram grande impacto na nossa profissão. Por exemplo, continuámos a utilizar o JCT 1963 (revisão de julho de 1977) e o SMM 5. Embora alguns QSPs estejam a utilizar o SMM7." "A recessão económica teve e continua a ter um impacto negativo na profissão. Foi a diversificação dos serviços que nos manteve a flutuar. Os empréstimos bancários tornaram-se mais rigorosos nos últimos tempos. A recessão provocou um aumento da concorrência entre os QSP e outros profissionais da construção". "Os PSQ deveriam visitar e analisar os ensinamentos retirados dos grandes projectos de capital".
2	RI 2	FRICS	"As competências nucleares, que representam as nossas principais aptidões, permitir-nos-ão atingir os nossos objectivos e ser reconhecidos no mercado e na indústria. Quaisquer estratégias para utilizar as nossas competências nucleares trar-nos-ão certamente benefícios significativos".
3	RI 3	MRICS	"Estamos presos à abordagem tradicional de medição em papel e esta situação manter-se-á no futuro próximo". "Lúcia estão demasiado concentrados nas funções tradicionais e podem perder oportunidades de prestar serviços de maior valor acrescentado aos clientes. Temos de evoluir com o tempo".
4	RI 4	MRICS	"O sector da construção não dispõe de muitas normas vinculativas e tem também normas desactualizadas, como as leis de saúde e segurança de 1956".
5	RI 5	Licenciatura. MISSL	"Acredito que as estratégias de crescimento nos farão bem, especialmente para nos permitir expandir os nossos serviços".
6	RI 6	MRICS	"A recessão económica teve e continua a ter um impacto negativo na profissão".
7	RI 7	MISSL, BSc.	"O papel tradicional manter-se-á, enquanto o papel dos QSP está a mudar lentamente para se adaptar às necessidades dos clientes e às mudanças do mercado"
8	RI 8	MISSL, BSc.	"A falta de visão dos políticos é uma ameaça fundamental. A falta de políticas governamentais para impulsionar e desenvolver o sector é uma ameaça fundamental para o sector e para a profissão".
9	RI 9	MISSL BSc	"Os aspectos jurídicos não tiveram grande impacto no papel dos QSP. O governo e o ISSL têm um papel mais importante a desempenhar para que os aspectos jurídicos tenham um impacto significativo na profissão e no sector. Muitos profissionais não utilizaram as novas regras de medição e quaisquer novas formas de contratos".

10	RI 10	MISSL, BSC	"Atualmente, as nossas contas a receber estão a aumentar devido ao abrandamento económico. Os nossos fluxos de tesouraria e a nossa capacidade são baixos e estaremos relutantes em investir em avanços informáticos, apesar de conhecermos os benefícios das TI".
11	RI 11	MISSL, MSC	"Os baixos preços das obras de construção e dos serviços profissionais podem constituir um desafio para a profissão de QS. A má conduta profissional e a má qualidade dos serviços prestados por alguns PSQ podem também ameaçar e afetar a imagem da profissão de PSQ, diminuindo assim o nível de confiança dos clientes nos PSQ em geral. Podem conduzir a uma relação adversa e a litígios entre o cliente e o profissional da construção em causa". "No Reino Unido, por exemplo, o Building Cost Information Services (BCIS) fornece aos profissionais da construção informações úteis sobre os custos de projectos anteriormente concluídos. Isto documentará as lições aprendidas em projectos anteriores e fornecerá informações sobre a estimativa de custos para projectos futuros e, por conseguinte, informações de benchmarking. Na mesma linha, um sistema centralizado de informação sobre os custos de construção facilitará definitivamente a partilha de informações e conhecimentos entre os profissionais da construção e melhorará a profissão de QS".

MISSL= Membro do Institute of Surveyors (Santa Lúcia)

3.6. Enquadramento, dimensão e taxa de resposta da amostra do inquérito

A estrutura da amostra deste estudo foi construída com os QSPs que são membros registados do Institute of Surveyors (St. Lucia) Inc. Uma lista com um total de 44 QSPs praticantes foi incluída no sítio Web do ISSL. A lista também contém os seus endereços de correio eletrónico e postal e a maioria deles está localizada em Santa Lúcia. Os potenciais participantes foram inicialmente contactados por telefone para os informar brevemente sobre o objetivo do inquérito e a intenção do investigador de lhes enviar por correio eletrónico uma ficha de informação e um formulário de consentimento do participante **(ver apêndice 7)**. É de notar que, na sequência de discussões com o ISSL, dois membros são técnicos e oito membros efectivos estavam no estrangeiro ou, quando contactados, não puderam ser encontrados, pelo que foram excluídos da amostra. O saldo de 34 membros efectivos foi considerado e representa a população total para os inquéritos.

Foi adequado utilizar a amostragem na investigação devido às limitações de tempo e de recursos e ao facto de grande parte dos estudos de investigação realizados neste domínio se basearem efetivamente em amostras. A amostragem pressupõe que as caraterísticas da amostra de PSQs são aproximadas às caraterísticas da população total de PSQs. Para as entrevistas, foi escolhida uma amostra selectiva ou intencional de 11 PSQ com base na experiência e discutida com o ISSL. Para o questionário, no entanto, uma vez que a população desta investigação é relativamente pequena, ou seja, menos de 50 participantes, foi realizado um inquérito à população total (Fellow e Liu, 2008; Henry, 1990 citado em Saunders, 2009). Por conseguinte, os 34 membros efectivos do ISSL foram contactados por telefone para os alertar brevemente sobre os instrumentos de investigação utilizados neste estudo e sobre o seu envolvimento numa ou em ambas as fases dos instrumentos, tendo-lhes sido posteriormente enviado o questionário por correio eletrónico. As investigações envolveram a obtenção de opiniões, pontos de vista e percepções dos membros registados do ISSL sobre o assunto em questão. Os potenciais participantes receberam uma ficha de informação do participante normalizada, que fornece informações sobre o objetivo e o âmbito do estudo e o que se espera deles.

Foram distribuídos 34 questionários aos PSQ que são membros do ISSL. Foram preenchidos e devolvidos 26 questionários, o que representa uma taxa de resposta de 76,47%, tal como indicado no **quadro 3.2 infra**. Esta taxa de resposta é considerada satisfatória em comparação com inquéritos anteriores realizados no sector da construção. A taxa de resposta é adequada e superior a muitos trabalhos frequentemente citados por autores sobre o sector da construção (Frei e Mbachu, 2009; Oladapo, 2006; Murphy, 2011, 2013; Nkado e Meyer, 2001).

Quadro 3.2 Taxa global de resposta ao questionário

Questionário administrado pelo investigador	**19**
Auto-administrado pelos inquiridos e enviado por correio eletrónico	**7**
Número total de respostas	**26**
Tamanho da amostra	**34**
Taxa de resposta global	**76.47%**

3.7. Fiabilidade e validade da investigação

Muitos autores (Robson, 2002; Saunders et al. 2009; Denscombe, 2010) explicam a importância da validade, da fiabilidade e da generalização para uma investigação. De acordo com Saunders et al. (2009), a validade refere-se "à medida em que o método ou métodos de recolha de dados medem com precisão o que pretendem medir" (p.603); "a fiabilidade refere-se à medida em que as suas técnicas de recolha de dados ou procedimentos de análise produzirão resultados consistentes" (p.156); e a generalização (validade externa) refere-se ao facto de os resultados da investigação poderem ser igualmente aplicáveis a outros contextos de investigação (p.158).

No estudo, a triangulação foi utilizada como estratégia para garantir a sua validade e fiabilidade. A triangulação pode fornecer corroboração, sendo mais relevante na abordagem qualitativa para a replicação de resultados generalizáveis ou temáticos (Miles e Huberman, 1994; UoS, 2013). Apoiando-se no trabalho de Denzin (1970), alguns autores (Robson, 2002; Denscombe, 2010) referem que existem vários tipos de triangulação, incluindo a triangulação de dados (a utilização de diferentes fontes de dados), a triangulação metódica (a utilização de diferentes métodos), a triangulação do investigador (a utilização de diferentes investigadores) e a triangulação teórica (a utilização de mais do que uma posição teórica em relação aos dados). Neste estudo, foram utilizados dois tipos de triangulação, como se segue:

- A triangulação dos dados foi conseguida através da utilização de várias fontes de dados; e

- A triangulação metódica foi conseguida através da utilização de métodos mistos (dois métodos diferentes), as entrevistas e o inquérito por questionário. Os participantes nas entrevistas também participaram nos inquéritos por questionário, triangulando assim os resultados.

Bell (2010) afirma que é importante utilizar mais do que um método de recolha de dados para poder cruzar os resultados da investigação. Esta abordagem multimétodo (mista) é também conhecida como triangulação (Bell, 2005). O método múltiplo é adequado para o estudo pelas seguintes razões

- Permite comparar e contrastar os resultados da investigação com os da literatura, para fundamentar os resultados e, assim, garantir um maior grau de exatidão nos resultados da investigação (Bell, 1999);

- Permite ao investigador observar as coisas de diferentes perspectivas, a fim de aumentar a validade dos dados (Denscombe, 2010);

- Apresenta uma perspetiva mais pormenorizada sobre algumas das principais questões levantadas (Blaxter, Hughes e Tight, 2001, 2006); e

- As entrevistas e os inquéritos por questionário esclarecerão a situação e tornarão o trabalho do investigador original.

Pode ser feita uma comparação para garantir a validade da análise qualitativa, uma vez que a estrutura das entrevistas semi-estruturadas foi concebida de forma semelhante à do questionário e os inquiridos das entrevistas também participaram no questionário. Além disso, para garantir a fiabilidade do estudo, o investigador tomou as seguintes medidas

- Manter a rigidez ou a robustez com que os instrumentos de investigação foram concebidos e testados;
- Documentou e reviu constantemente todos os procedimentos da investigação;
- A maior parte das entrevistas foi áudio-digitada e transcrita;
- Garantir a adequação da dimensão da amostra;
- Os inquiridos nas entrevistas também participaram no inquérito por questionário.

Todos os aspectos acima referidos proporcionam uma oportunidade de reproduzir os resultados noutras populações e/ou situações.

3.8. Considerações éticas

As considerações éticas são fundamentais para qualquer tipo de investigação. A ética terá implicações metódicas na investigação porque os seres humanos e o seu comportamento estão envolvidos no processo. De acordo com Blaxter et al. (2006, p.158), "pensa-se que as questões éticas surgem predominantemente com projectos de investigação que utilizam métodos qualitativos de recolha de dados". Foram tomadas as devidas precauções durante todo o processo de investigação para proteger quaisquer dados e informações potencialmente sensíveis que foram recolhidos para o estudo.

Todos os problemas e questões éticas que surgem no estudo foram tidos em consideração. Por exemplo, foi mantida a confidencialidade ou o anonimato dos inquiridos e foi mantido o profissionalismo na recolha de dados (Blaxter et al., 2006). As questões éticas que se esperava que surgissem durante o processo de estudo são as seguintes:

- Os membros do The Institute of Surveyors (St. Lucia) Inc. (ISSL) podem não querer ou hesitar em participar, podem sentir-se inseguros quanto à forma como os dados serão utilizados e quem verá as suas respostas.
- Os membros podem estar preocupados com o facto de certas informações sensíveis serem reveladas ao investigador durante o estudo e com a sua utilização indevida.

As medidas tomadas para resolver estas questões éticas incluem:

- Antes do início do estudo, foi obtida uma autorização ética para a realização da investigação (ver anexo 1).

- Foi distribuído a todos os inquiridos um formulário de investigação ética, juntamente com as instruções do inquérito/entrevista/carta de acompanhamento que descrevia claramente o objetivo do estudo para os participantes, garantia que o anonimato e a confidencialidade dos participantes seriam preservados e explicava a todos os inquiridos que as informações fornecidas só seriam utilizadas para efeitos do estudo. Deste modo, os participantes na investigação compreenderiam a natureza da investigação e o seu envolvimento na mesma;

- O investigador entrou neste estudo com um espírito aberto, concentrando-se na autoconsciência/controlo e em conclusões baseadas em provas, a fim de garantir uma maior imparcialidade.

4. Análise e discussão dos resultados

4.1. Introdução

As conclusões mais importantes para atingir o objetivo e os objectivos deste estudo são discutidas neste capítulo. As conclusões das duas fases do inquérito, entrevistas e questionário, são apresentadas a seguir:

4.2. Resultados e discussões das entrevistas semi-estruturadas

As entrevistas semi-estruturadas foram realizadas com onze (11) PSQs em atividade que são membros do ISSL. Os participantes da entrevista também foram incluídos no tamanho da amostra do inquérito para triangulação da metodologia e generalização. Os resultados das entrevistas são resumidos a seguir:

4.2.1. As funções do PSQ

De um modo geral, o papel do PSQ alterou-se ligeiramente para abraçar algumas responsabilidades evoluídas em resultado das mudanças nas exigências dos clientes e dos ambientes político e económico. O RI 7 sugere que "o papel tradicional permanecerá, enquanto o papel dos QSs está a mudar lentamente para se adaptar às necessidades dos clientes e às mudanças do mercado". Também identificam as competências transversais como as competências necessárias para levar a cabo a sua prática de forma eficaz no sector da construção. Este ponto de vista está de acordo com os pontos de vista de Smith (2004).

O consenso unânime entre os inquiridos é que o papel tradicional do QS tem e continuará a dominar no futuro em Santa Lúcia. Os inquiridos observaram que a medição das quantidades a partir dos desenhos e a preparação da lista de quantidades e dos formulários de contrato são funções essenciais de qualquer PSQ na ilha. O RI 3 considerou que "estamos presos à abordagem tradicional de medição em papel e que esta situação se manterá num futuro próximo". Este ponto de vista sugere que os PQS em Santa Lúcia estão a concentrar-se nas competências essenciais que definem em grande medida o papel principal e a existência de um PQS na indústria, em consonância com as opiniões de Smith (2004). Além disso, o RI 3 considera que "os PQS em Santa Lúcia estão demasiado concentrados nas funções tradicionais e podem perder oportunidades de prestar serviços de maior valor acrescentado aos clientes. Temos de evoluir com os tempos".

Os inquiridos também sugeriram que estão a desempenhar algumas funções não tradicionais.

De um modo geral, os inquiridos foram de opinião que o papel evoluído foi moderadamente aceite e incorporado no papel de QS em Santa Lúcia. A avaliação, a administração de contratos, a gestão de projectos de construção, a resolução alternativa de litígios e a gestão de riscos foram competências comuns à maioria dos inquiridos. Entretanto, todos os inquiridos concordaram unanimemente que o papel emergente de SQ tem atualmente uma aceitação muito baixa e que é pouco provável que venha a ser aceite no futuro. De um modo geral, concordaram que a avaliação dos custos do ciclo completo tornar-se-á uma competência importante no futuro.

4.2.2. Avaliação do ambiente empresarial

4.2.2.1. As principais forças no ambiente empresarial

Em geral, os inquiridos estavam bem cientes e compreendiam as forças-chave no ambiente empresarial que afectam o seu papel e as suas práticas profissionais; e expressaram a importância de monitorizar os ambientes interno e externo devido à natureza dinâmica da indústria da construção. As forças económicas e políticas foram citadas como tendo o impacto mais negativo na profissão de SQ. A maioria afirmou que a recessão económica levou a uma redução da procura de produtos de construção, ao desemprego e à redução dos empréstimos bancários para a construção e à restrição das condições de crédito bancário, pelo que os serviços profissionais de SQ serão reduzidos no futuro. De acordo com o RI 6, "a recessão económica teve e continua a ter um impacto negativo na profissão". Isto é consistente com os pontos de vista de Frei (2010) que afirma que a crise financeira global tem um efeito negativo no sector da construção.

De um modo geral, os inquiridos concordaram que as forças tecnológicas não tiveram um impacto real no seu papel e prática actuais. No entanto, é geralmente aceite que os avanços nas TI podem melhorar o desempenho dos projectos e das actividades de SQ, pelo que as TI se tornarão importantes para a profissão de SQ no futuro. A grande maioria dos inquiridos afirmou que utiliza a Internet e o Microsoft Office - Word e Excel - para realizar funções operacionais. Esta constatação sugere que não estão a utilizar a Internet como uma arma estratégica, como o comércio eletrónico, para melhorar o seu desempenho. Note-se que esta conclusão está em consonância com a de Shen e Chung (2007), que concluíram que a maioria dos PSQ concordava que as TI desempenham um papel importante na profissão de SQ, mas que não tinham tirado o máximo partido das TI para melhorar a sua vantagem competitiva no mercado, tendo por isso adotado uma abordagem passiva de "esperar para ver".

Além disso, a falta de capacidade financeira para investir em TI na construção e na formação associada, bem como a atitude dos QSs em relação à utilização de TI na sua prática, foram citadas por muitos inquiridos como factores que abrandam a velocidade de adoção de TI na sua profissão de QS. O RI 10 referiu que "Atualmente, as nossas contas a receber estão a aumentar devido ao abrandamento económico. Os nossos fluxos de tesouraria e a nossa capacidade são reduzidos e estaremos relutantes em investir em avanços informáticos, apesar de conhecermos os benefícios das TI". Esta opinião sobre a baixa capacidade é reforçada pelo facto de existir um grande número de pequenos consultórios em Santa Lúcia, tal como mencionado pela grande maioria dos inquiridos. Isto é contrário aos pontos de vista de Smith (2004) e Oladopa (2006).

As opiniões dos inquiridos sobre as forças socioculturais foram mistas. Os inquiridos identificaram uma série de factores socioculturais fundamentais que tiveram impacto na profissão e na prática de SCQ, incluindo a cultura de individualismo dos profissionais de SCQ, práticas pouco éticas na área da avaliação e a atitude complacente dos PSQ em relação à qualidade do serviço e do trabalho. Muitos inquiridos referiram que o profissionalismo e a qualidade do trabalho do PSQ são dois pilares importantes para a reputação da profissão de SCQ. A RI 11 revelou que:

"Os baixos preços das obras de construção e dos serviços profissionais podem constituir um desafio para a profissão de QS. A má conduta profissional e a má qualidade dos serviços prestados por alguns PSQ podem também ameaçar e afetar a imagem da profissão de PSQ, baixando assim o nível de confiança dos clientes nos PSQ em geral. Estas situações podem conduzir a uma relação adversa e a litígios entre o cliente e o profissional da construção em causa".

Estas opiniões são coerentes com as de Poon (2003). Além disso, a maioria dos inquiridos sugeriu que existe um reconhecimento crescente da profissão de QS, o que terá um impacto positivo na sua prática. Isto pode implicar que se sentem com voz e alguma influência no sector e na economia em geral. Este ponto de vista diverge do de Smith (2004) e de Said, Shafiei e Omar (2010).

A maioria dos inquiridos observou que as forças legais não tiveram um impacto significativo na profissão de SQ. Em Santa Lúcia, os códigos de construção não foram promulgados e as novas funções de medição (NRM) do RICS estão longe de ser introduzidas nas práticas de SQ. O RI 1 afirmou que "Os factores legais não tiveram grande impacto na nossa profissão. Por exemplo, continuámos a utilizar o JCT 1963 (revisão de julho de 1977) e o SMM 5, embora alguns QSs estejam a utilizar o SMM7". O RI 4 argumentou que "A indústria da construção não tem muitas normas aplicáveis e também tem normas desactualizadas, como as leis de Saúde e Segurança de 1956". Além disso, o RI 9 também salientou que "Os aspectos legais não tiveram muito impacto no papel dos QSs, o governo e o ISSL têm um papel mais importante a desempenhar para que os aspectos legais tenham um impacto significativo na profissão e na indústria. Muitos profissionais não utilizaram as novas regras de medição e quaisquer novas formas de contratos". Isto é uma divergência em relação ao RICS (2009a; 2009b) que argumenta que o NRM e outros regulamentos em áreas de sustentabilidade devem ter um impacto significativo nos QSPs e na sua prática.

Muitos inquiridos citaram a concorrência entre os profissionais de SQ, o poder de negociação do cliente, a prestação de serviços a preços muito baixos e outros profissionais da construção a competir pelo trabalho tradicional de SQ como algumas das principais forças competitivas que tiveram impacto na prática de SQ. As conclusões coincidem, em certa medida, com as cinco forças de Porter (1980) que estão a ter um impacto nas suas práticas. No entanto, a maioria considera que a concorrência não é muito intensa, mas pode intensificar-se se a recessão económica continuar no futuro imediato.

4.2.2.2. Capacidade estratégica

A esmagadora maioria dos inquiridos indicou que monitoriza periodicamente as suas capacidades estratégicas (competências e recursos), a rentabilidade, a produtividade e a qualidade dos serviços oferecidos aos clientes. No entanto, não utilizam qualquer sistema formal de monitorização destes factores críticos de sucesso. A maioria dos inquiridos não presta atenção ao marketing, mas concorda que a reputação dos PSQ na prestação de serviços de elevada qualidade no mercado lhes servirá como uma valiosa ferramenta de marketing. Kaiser e Ringlstetter (2011) sugerem que, para além das competências (incluindo o conhecimento e a competência relacional), a reputação e as recomendações boca a boca estão a ser consideradas como as ferramentas importantes para a comercialização de serviços profissionais, tais como a fiscalização de quantidades. A manutenção de uma reputação de alta qualidade no mercado pode proporcionar à prática de SQ a oportunidade de repetir negócios (Murphy 2011, 2013).

4.2.2.3. Oportunidades e ameaças externas

A maioria dos inquiridos referiu que a recessão económica é a principal ameaça para os PSQ e para a profissão de QS em Santa Lúcia. O RI 1 indicou que "a recessão económica teve e continua a ter um impacto negativo na profissão. Foi a diversificação dos serviços que nos manteve a flutuar. Os empréstimos bancários tornaram-se mais restritivos nos últimos tempos. A recessão causou um aumento da concorrência entre os QSs e outros profissionais da construção". Frei (2010) explica a gravidade que a recessão económica está a ter na construção e na profissão de QS, o que está de acordo com este ponto de vista.

A maioria dos inquiridos foi da opinião de que a orientação e as acções políticas do governo são as principais ameaças ao ambiente de construção em Santa Lúcia. O inquirido RI 8 referiu que "a falta de previsão por parte dos políticos é uma ameaça fundamental. A falta de políticas governamentais para impulsionar e desenvolver a indústria é uma ameaça fundamental para a indústria e a profissão". Grande parte da literatura não considerou a orientação e as acções políticas do governo como uma ameaça importante para a prática e a profissão de SQ. No entanto, a ACCA (2008) salienta a importância de uma boa política governamental e da estabilidade na contribuição para o sucesso de qualquer organização.

4.2.2.4. Estratégias empresariais

O consenso geral entre os inquiridos é que qualquer estratégia empresarial adoptada por uma empresa de SQ deve estar fortemente centrada no cliente. Acrescentar valor aos serviços existentes (penetração/crescimento do mercado) e expansão dos serviços no mercado da construção existente são as principais estratégias de crescimento identificadas pela maioria dos inquiridos. Estas são as estratégias de baixo risco (ACCA, 2008) que os PQS se propõem seguir e

Por conseguinte, são avessos ao risco. Estas estratégias também exigem que os PSQs possuam competências essenciais e novas para satisfazer as necessidades dos clientes actuais e potenciais. Esta constatação tende a coincidir com as conclusões da indústria da construção na Austrália e na região da Ásia-Pacífico, delineadas por Smith (2010), que afirma que "esta crise realçou a necessidade de uma forte gestão financeira dos projectos para reduzir o risco dos fornecedores de financiamento", que é o papel tradicional do PSQ.

A maioria dos inquiridos sugeriu que os PSQ devem seguir uma estratégia baseada nas competências nucleares e estratégias de crescimento para tirar partido de quaisquer oportunidades do ambiente externo e contrariar a ameaça da crise/recessão económica. O RI 2 argumenta que "as competências nucleares, que devem representar as nossas aptidões principais, permitir-nos-ão atingir os nossos objectivos e são reconhecíveis no mercado e na indústria. Quaisquer estratégias para utilizar as nossas competências nucleares trar-nos-ão certamente benefícios significativos". Também o RI 5 sugere que "acredito que as estratégias de crescimento nos farão bem, especialmente para nos permitir expandir os nossos serviços".

Alguns inquiridos sugeriram que os PSQ podem seguir estratégias de colaboração e diversificação de serviços (em áreas relacionadas com a construção) para maximizar as oportunidades e minimizar as ameaças. Estas opiniões são consistentes com Haron e Abdullah (2006), Ofori e Tori (2009) e Smith (2004).

A grande maioria dos inquiridos sublinhou a importância da partilha de informação e conhecimentos entre os PSQ e outros profissionais da construção. Por exemplo, o RI 1 sugere que "os QSs devem visitar e rever as lições aprendidas em grandes projectos de capital". Davis et al (2007) e ACCA (2001) dedicaram muita atenção à partilha de informação e conhecimento. Ao falar de partilha de informações e conhecimentos, o RI 11 refere que:

"No Reino Unido, por exemplo, o Building Cost Information Services (BCIS) fornece aos profissionais da construção informações úteis sobre os custos de projectos anteriormente concluídos. Isto documentará as lições aprendidas em projectos anteriores e fornecerá informações de estimativa de custos para projectos futuros e, por conseguinte, informações de referência. Na mesma linha, um sistema centralizado de informação sobre os custos de construção facilitará definitivamente a partilha de informações e conhecimentos entre os profissionais da construção e melhorará a profissão de QS".

A maioria dos inquiridos não vê a necessidade de estratégias inovadoras e regionais/globais. Consideram que estas estratégias são de alto risco e exigem um certo nível de investimento financeiro.

4.2.3. Recomendações e outras observações do PSQ

A fim de melhorar a prática de SQ, os entrevistadores sugeriram e recomendaram o seguinte

- Aprendizagem ao longo da vida, formação e DPC; para desenvolver novas aptidões, conhecimentos e competências;

- Respeitar as normas de ética empresarial e profissional, que correspondem às conclusões de Cunningham (2011);

- Colaboração e partilha de informação e conhecimento entre os PSQ e outros profissionais da construção. Por outras palavras, a colaboração intraprofissional e a prática e aprendizagem colaborativa interprofissional devem ser encorajadas de modo a melhorar a profissão e a prática da SQ. A colaboração intraprofissional é a colaboração entre colegas que partilham uma formação profissional, valores, socialização, identidade e experiência comuns.[7] Enquanto que a prática interprofissional se refere a "duas ou mais profissões que trabalham em conjunto como uma equipa com um objetivo comum, compromisso e respeito mútuo" (Freeth et al. 2005, citado em Dunston et al., 2009, p. 6);

- Uma boa gestão da cadeia de abastecimento, como sugerido por Frei e Mbachu (2009, p.51), e a gestão das relações com os clientes.

4.3. Resultados do inquérito por questionário e debates

Foram distribuídos 34 questionários aos PSQ que são membros do ISSL. Foram preenchidos e devolvidos 26, o que representa uma taxa de resposta de 76,47%. Esta taxa de resposta é considerada satisfatória em comparação com inquéritos anteriores realizados no sector da construção. Apenas um inquirido recusou participar no estudo. É de salientar que todos os questionários foram avaliados e considerados utilizáveis para análise, pelo que foram incluídos no estudo. Os resultados foram analisados utilizando uma folha de cálculo do Excel. O questionário e outros documentos de apoio são apresentados nos anexos 6 a 9.

4.3.1. Dados demográficos dos inquiridos

Os inquiridos eram um grupo de profissionais com um nível de formação relativamente bom e com uma experiência prática considerável em levantamento de quantidades e construção. Cerca de 80% dos inquiridos têm, pelo menos, um grau de bacharelato, tal como se mostra na tabela 4.1 abaixo. Atualmente, os aspirantes a avaliadores de quantidades devem ter, no mínimo, um bacharelato em avaliação de quantidades para se tornarem membros efectivos ou corporativos da ISSL. Cerca de 69% dos inquiridos têm 11 e mais anos de experiência prática na indústria da construção, como mostra a tabela 4.2 abaixo. A maioria (46%) das práticas de

7 http://www.utexas.edu/courses/streeter/fl1999ehrd690/overheads/oh6.html

SQ em Santa Lúcia empregava entre um e cinco funcionários, como mostra a tabela 4.3. De facto, 42% dos inquiridos não empregam qualquer pessoa nas suas práticas. O Quadro 4.4 mostra que a grande maioria (65%) dos PQS em Santa Lúcia são médicos em nome individual ou diretores. Este facto sugere a existência de um grande número de pequenos consultórios de SQ na profissão em Santa Lúcia.

Quadro 4.1 Nível de educação dos inquiridos

Experiência prática	**Frequência**	**Percentagem**
Diploma	5	19%
Bacharelato	12	46%
Diploma/Certificado de pós-graduação	2	8%
Mestrado	2	8%
Profissional	5	19%
total	26	100%

Quadro 4.2 Número de anos de experiência profissional dos inquiridos

Experiência prática	**Frequência**	**Percentagem**
até 5	7	27%
6 a 10	1	4%
11 a 15	4	15%
16 anos ou mais	14	54%
total	26	100%

Quadro 4.3 Número de trabalhadores Práticas dos inquiridos

Número de empregados	**Frequência**	**Percentagem**
0	11	42%
1 a 5	12	46%
6 a 10	3	12%
11 anos ou mais	0	0%
total	26	100%

Quadro 4.4 Cargo ocupado pelos inquiridos na sua atividade profissional

Cargo ocupado	**Profissional liberal**	**Diretor**	**Chefe de departamento**	**Empregado**	**Total**
Frequência	17	1	1	7	26
Percentagem	65%	4%	4%	27%	100%

O quadro 4.5 abaixo mostra que os PSQ estão atualmente a realizar uma proporção moderada da carga de trabalho nos subsectores da construção residencial e não residencial. Por outro lado, uma pequena parte da carga de trabalho está a ser realizada no subsector das infra-estruturas. A maioria dos inquiridos indicou que o desempenho da sua atividade nos últimos três anos tem sido praticamente o mesmo em termos de crescimento do negócio, rentabilidade e quota de mercado, como mostra o quadro 4.6 abaixo. Estas conclusões são indicativas da dimensão e das actuais condições económicas do país.

Quadro 4.5 Carga de trabalho atual dos inquiridos

Carga de trabalho	**Média**	**Classificação**
Edifício residencial	3.42	1
Edifício não residencial	2.70	2
Infra-estruturas	2.15	3

Quadro 4.6 Desempenho da prática de SQ dos inquiridos nos últimos 3 anos

Desempenho	Média	Classificação
Crescimento da atividade	3.00	2
Rentabilidade	3.04	1
Quota de mercado	3.00	3

4.3.2. Funções do PSQ em Santa Lúcia

As 21 funções ou competências enumeradas no questionário foram identificadas na análise da literatura. Seis funções eram tradicionais e 15 não tradicionais: dez eram evoluídas e cinco eram emergentes. A maior parte delas provém do RICS (2013) e de Fanous (2012). A tabela 4.7 mostra a classificação percebida das funções actuais e futuras dos PSQs, juntamente com o potencial crescimento futuro.

4.3.2.1. Prática atual

Os resultados mostram que as três funções mais importantes desempenhadas pelos PSQ (por ordem decrescente) são a quantificação e o cálculo dos custos das obras de construção, o controlo financeiro do projeto e a elaboração de relatórios, e a avaliação. As três funções menos importantes desempenhadas são a gestão BIM, a sustentabilidade e as metodologias e técnicas de investigação.

4.3.2.1.1. Papel tradicional

Os resultados mostram que, atualmente, o papel tradicional é o mais importante para a prática de SQ em Santa Lúcia. Os resultados mostram que as três competências mais importantes no âmbito da função tradicional desempenhada pelos SQ, por ordem decrescente, são a quantificação e o cálculo dos custos das obras de construção, o controlo financeiro do projeto e a elaboração de relatórios, bem como a aquisição e a apresentação de propostas. Os resultados mostram que todas as seis competências do papel tradicional registaram uma pontuação média entre 4 e 5 em termos de nível de importância, reflectindo muito importante e perto de extremamente importante para a sua prática. Os resultados são coerentes com os pontos de vista de Leveson (1996).

4.3.2.1.2. Papéis não tradicionais

Funções evoluídas - Relativamente às funções evoluídas, a avaliação, a administração de contratos e os serviços de consultoria são as três competências mais importantes no âmbito destas funções. Os resultados indicam que as funções evoluídas são moderadamente importantes para os profissionais. Este ponto de vista está próximo do de Fanous (2012).

Funções emergentes - as competências no âmbito desta função são de pouca importância para os QSPs em Santa Lúcia, com uma pontuação média de 2,37. É de notar que os QSPs consideraram que a avaliação do custo total de vida e os estudos de gestão estratégica e liderança são de importância próxima a moderada (3,00) agora e no futuro, com um potencial de crescimento superior a 40%. A competência menos importante, segundo a perceção dos inquiridos neste estudo, é a gestão BIM.

Quadro 4.7 Importância relativa das competências dos PSQ com crescimento provável

	Competências do QS	Atual Média	Classificação	Futuro Média	Classificação	Crescimento %
a	**Papel tradicional (global)**	**4.31**	**1**	**4.63**	**1**	**7.4%**
	Quantificação e cálculo de custos de obras de construção	4.81	1	4.77	1	(0.8)%
	Controlo financeiro e elaboração de relatórios dos projectos	4.46	2	4.73	2	6.0%
	Aquisições e concursos	4.35	3	4.58	5	5.3%
	Prática contratual	4.12	4	4.62	4	12.1%
	Planeamento de custos	4.08	5	4.65	3	14.2%
	Tecnologia da construção e serviços ambientais	4.08	5	4.46	6	9.4%
b	**Evolução da função (geral)**	**3.31**	**2**	**3.95**	**2**	**19.3%**
1	Administração de contratos	3.65	2	4.42	2	21.1%
2	Gestão de projectos	3.54	4	4.46	1	26.1%
3	Gestão de instalações	2.54	6	3.00	10	18.2%
4	Gestão do risco	3.27	7	4.04	5	23.5%
5	Seguros	3.54	4	3.96	6	12.0%
6	Avaliação (propriedade, aluguer, etc.)	4.42	1	4.38	3	(0.97)%
7	Procedimentos de gestão e de resolução de litígios	3.04	8	3.81	7	25.3%
8	Avaliação de desenvolvimento/investimento	3.04	8	3.81	7	25.3%
9	Metodologias e técnicas de investigação	2.42	10	3.38	9	39.7%
10	Serviços de consultoria	3.65	2	4.27	4	16.8%
c	**Papel emergente**	**2.37**	**3**	**3.37**	**3**	**42.2%**
1	Gestão BIM	1.85	5	2.92	5	58.3
2	Avaliação do custo total de vida	2.54	1	3.65	1	43.9%
3	Sustentabilidade	2.42	3	3.42	4	41.3%
4	Gestão Estratégica e Liderança	2.54	1	3.58	2	40.9%
5	Estudos de gestão do valor	2.50	4	3.77	3	30.8%

4.3.2.2. Expectativas e orientações futuras

Os resultados do estudo indicam que os PSQ têm a perceção de que todas as 21 competências no âmbito das funções definidas irão aumentar o seu nível de importância, exceto a quantificação e o cálculo dos custos das obras de construção e a avaliação, que apresentam um crescimento negativo, e que já eram muito importantes para a prática dos PSQ. As mais importantes das 21 competências dos QSPs, em termos de ordem de classificação, são a quantificação e o cálculo de custos da construção, o controlo financeiro do projeto e a elaboração de relatórios, o planeamento de custos, a prática de contratos e a aquisição e apresentação de propostas. Todas estas competências estão dentro do domínio ou função tradicional e foram consideradas quase extremamente importantes. É de notar que o planeamento de custos foi considerado como tendo subido e sendo o terceiro mais importante em termos de importância relativa para os PSQ no futuro.

Os QSPs prevêem que os papéis tradicionais crescerão em importância para se tornarem próximos de extremamente importantes (pontuação média de 4,63) no futuro. As funções evoluídas serão quase muito importantes (pontuação média de 3,95), enquanto as funções emergentes se tornarão moderadamente importantes (pontuação média de 3,37).

Em média, prevê-se que as funções emergentes registem um crescimento significativo de 42,2% no futuro. Por outro lado, prevê-se que as funções evoluídas cresçam 19,3% e que as funções tradicionais cresçam 7,4%. As cinco áreas-chave de elevado crescimento, por ordem decrescente, são a gestão do BIM, com uma previsão de crescimento de 58,3%; a avaliação do WLC, com uma previsão de crescimento de 43,9%; a sustentabilidade, com uma previsão de crescimento de 41,3%; a gestão estratégica e a liderança, com uma previsão de crescimento de 40,9%; e as metodologias e técnicas de investigação, com uma previsão de crescimento de 39,7%. Isto pode indicar que as práticas de SQ estão a planear expandir e diversificar as suas ofertas de serviços no futuro, sob reserva de uma recuperação económica.

De um modo geral, os PSQ em Santa Lúcia consideram que as funções tradicionais continuarão a dominar no futuro. Ao mesmo tempo, prevê-se que as funções não tradicionais (evoluídas e emergentes) cresçam em importância para responder a qualquer mudança futura nas exigências dos clientes. Isto é coerente com os pontos de vista dos inquiridos nas entrevistas.

4.3.3. Aprendizagem e competência profissional

Pediu-se aos PSQ que indicassem o grau de importância de cada um dos seguintes aspectos para a manutenção e melhoria da sua competência e prática profissionais. Isto sugere a necessidade de se centrarem na fase de desenvolvimento de competências do ciclo de vida das competências, em que procurariam a aprendizagem ao longo da vida (Draganidis e Mentzas, 2006), como a formação, o DPC e a educação. A profissão de QS é uma base de conhecimento e, por conseguinte, a aprendizagem profissional é vital para o funcionamento efetivo dos QSPs. O quadro 4.8 abaixo mostra os resultados a este respeito.

Quadro 4.8 Manutenção da competência e da prática profissionais

1=não importante e 5= extremamente importante

Manutenção da competência e da prática	Média	Classificação

profissionais		
Formação	4.69	1
Desenvolvimento profissional contínuo (CPD)	4.65	2
Profissionalismo e ética	4.65	3
Educação	4.54	4
Mentoria	4.00	5
Investigação	3.85	6

Os cinco pilares da profissão de QS em Santa Lúcia, por ordem decrescente, são a Formação, o DPC, o Profissionalismo e a Ética, a Educação e a Tutoria. Isto está muito próximo dos pontos de vista de Verster (2004). A Investigação na Construção é vista pelos profissionais como sendo a menos importante para a aprendizagem profissional estratégica. Deve notar-se que a formação, que é a mais elevada na classificação, assegurará que o SQ seja eficaz na prestação dos serviços que lhe são exigidos (Badu e Amoah, 2004). A educação, a literacia da informação e a aprendizagem ao longo da vida são os três pilares para pôr o conhecimento em prática (Singh e Begum, 2012).

No desempenho das suas funções, os PQS utilizam muito frequentemente a Internet e o Microsoft Office (Excel e Words), como mostra o quadro 4.9 abaixo:

Tabela 4.9 Classificação da perceção da utilização das TIC nas práticas de SQ

Software de aplicação	Média (1=Nunca e Muito frequentemente =5)	Classificação
Microsoft Office (Excel e Words)	5.00	1
Internet	4.58	2
AutoCAD	3.35	3
Comércio eletrónico nas empresas	2.31	4
Software QS (por exemplo, WinQS)	2.08	5
Tecnologias BIM	1.58	6

Como esperado e pode ser visto acima, a gestão BIM é pouco utilizada na prática da QS em Santa Lúcia. A maioria dos inquiridos raramente utiliza aplicações especializadas e tecnologia baseada em CAD para gerar quantidades automáticas geradas eletronicamente e para melhorar o seu desempenho comercial, como o software QS e o comércio eletrónico. É interessante notar que a Internet é utilizada com muita frequência pelos inquiridos, mas não é utilizada estrategicamente para fins comerciais, como o comércio eletrónico. Este facto é coerente com as conclusões de um estudo realizado na Nigéria, no contexto dos países em desenvolvimento, por Oladapo (2006). Segundo ele, "por enquanto, a maioria dos profissionais utiliza a Internet sobretudo para correio eletrónico e as suas potencialidades em áreas estrategicamente mais importantes, como o comércio eletrónico e a transferência eletrónica de dados, ainda não foram totalmente exploradas".

4.3.4. Avaliação do ambiente empresarial

4.3.4.1. Análise ambiental

Grande parte da literatura sobre estratégia e gestão empresarial (Johnson et al 2008, Davis 2011) salienta a importância da realização de uma análise dos ambientes macroeconómico, competitivo, industrial e interno de uma organização, para que esta possa competir com sucesso dentro de uma indústria. A este respeito, foi pedido aos inquiridos que estabelecessem a sua perceção do nível de importância de cada análise do ambiente empresarial (macroeconómico, industrial e competitivo e interno) utilizando a escala de 5 Likert (1932). O principal pressuposto subjacente a esta pergunta é que quanto maior for a importância percebida, mais atenção os PSQs dão à análise. Estas análises ajudarão os QSPs a:

- Identificar e compreender a sua posição competitiva no mercado da construção;
- Identificar os factores que serão críticos para o seu sucesso, os factores críticos de sucesso para alcançar a vantagem competitiva; e depois
- Definir as suas estratégias e o seu futuro papel.

Se observarmos o quadro 4.10, podemos ver que as opiniões dos inquiridos sobre as análises ambientais se situam entre moderadamente importante (3) e muito importante (4). Indicaram que a análise da organização interna e a análise SWOT são as análises ambientais que são consideradas mais importantes para a sua prática de SQ, reflectindo muito importante (pontuação média de 4,04). Isto pode refletir que os PSQ estão a colocar a ênfase nas suas competências e capacidades para sobreviver e crescer e é consistente com a visão baseada na competência (recurso) defendida por Hamel e Prahalad (1994). Além disso, estão também a colocar a tónica na análise SWOT, que é uma análise mais abrangente que indica as principais questões estratégicas do ambiente. Entretanto, as análises macroeconómica, industrial e da concorrência são quase muito importantes para a sua prática. Estas conclusões estão mais de acordo com as percepções industriais e económicas gerais.

Tabela 4.10 A importância relativa da análise de negócios para a prática de QS

Análise empresarial (ambiental)	Média	Classificação
Macroeconómico	3.77	3
Setor da construção e análise da concorrência	3.69	4
Análise da organização interna	4.04	1
Análise SWOT	4.04	1

4.3.4.2. Factores ambientais

Foi pedido aos inquiridos que indicassem o impacto provável que cada fator ambiental tem no seu ambiente empresarial (externo e interno), utilizando a escala de Likert de 5, em que 1=Nenhum impacto e 5=Impacto muito elevado. O quadro 4.11 apresenta as conclusões a este respeito.

Quadro 4.11 Impacto relativo das forças ambientais na prática da SQ

Forças ambientais	**Média**	**Classificação**
Factores de organização interna	4.19	1
Económico	4.15	2
Política	3.77	3
forças competitivas do sector	3.58	4
Social	3.50	5
Tecnológico	3.31	6
Jurídico	2.92	7
Factores ambientais (verdes)	2.42	8

Os factores organizacionais internos são considerados pelos PSQ em Santa Lúcia como tendo um impacto muito elevado (positivo) nas suas práticas futuras. Os PSQs em Santa Lúcia estão a colocar grande ênfase nas capacidades e competências internas da prática dentro do ambiente de negócios em mudança para alcançar uma vantagem competitiva, a fim de satisfazer as necessidades dos clientes e dos mercados. Isto é consistente com muitos proponentes da visão baseada em competências (recursos) (Hamel e Prahalad, 1994; Barney, 1995) que defendem que as forças internas têm um impacto ou influência mais forte no desempenho de uma organização (prática de SQ) do que as forças do sector. Além disso, os PSQ podem ter de adquirir novos recursos únicos e desenvolver competências nucleares novas e melhoradas (capacidades dinâmicas) para responder às mudanças no ambiente empresarial.

Os resultados do estudo indicam que os factores económicos e políticos são classificados em segundo e terceiro lugar, respetivamente, pelos PSQ em termos do nível provável de impacto na sua prática. Isto é consistente com Frei (2010), que observou as implicações da crise financeira global nas práticas dos QS, e com a primeira fase do estudo. Em Santa Lúcia, a recessão económica, associada à introdução de um novo imposto sobre as vendas, o IVA, com uma taxa de 15% em 2012 (GOSL, 2013), pode ter levado os PQS a classificar estes factores num nível muito elevado.

O quarto fator mais importante que terá impacto na prática dos PSQ é a indústria e os factores competitivos. Este facto coincide com os pontos de vista dos defensores da visão da organização industrial (baseada na posição), como Micheal Porter (1980), que defendem que as forças da indústria têm um impacto mais forte no desempenho da organização do que as forças internas. Os factores ambientais (verdes) são considerados como tendo o menor impacto nas práticas de SQ. Este resultado pode sugerir que os PSQs colocaram menos ênfase nas questões de sustentabilidade no âmbito da construção e do ambiente construído, o que representa uma divergência em relação aos pontos de vista do RICS (2009a) e de Ofori e Toor (2009).

4.3.4.3. Oportunidades e ameaças

Os quadros 4.12 e 4.13 abaixo mostram a classificação das oportunidades potenciais e das ameaças percebidas por ordem de impacto percebido.

Quadro 4.12 Classificação das oportunidades por ordem de impacto percebido

1 = Nenhum impacto e 5 = Impacto muito elevado

	Oportunidades potenciais	**Média**	**Classificação**
1	Núcleo tradicional QS Especialização	4.27	1
2	Desenvolver novas aptidões e competências	4.15	2
3	Diversificação para sectores de construção conexos	3.77	3
4	Gestão da informação e do conhecimento	3.69	4
5	BIM	2.62	12
6	Investimento noutros avanços em TI	3.46	5
7	Colaboração e parceria	3.46	5
8	Métodos alternativos de aquisição	3.38	8
9	R & D	3.31	9
10	Utilizar o comércio eletrónico	3.27	10
11	Marketing	3.42	7
12	Expectativas dos clientes em relação à construção ecológica	2.92	11

Tabela 4.13 Classificação das ameaças por ordem de impacto percebido

1 = Nenhum impacto e 5 = Impacto muito elevado

	Ameaças potenciais	**Média**	**Classificação**
1	Recessão económica	4.38	1
2	Alteração das exigências e expectativas dos clientes	3.50	6
3	Concurso baseado em taxas	3.50	6
4	Outros profissionais que prestam serviços tradicionais de SQ	3.85	3
5	Falta de rentabilidade	4.04	2
6	Falta de reconhecimento	3.77	4
7	Falta de inovação	3.12	9
8	Gestão BIM	2.42	11
9	Outros progressos no domínio das TI e das TIC	3.15	10
10	Marketing deficiente	3.50	6
11	Escassez de competências	3.54	5

4.3.4.3.1. Oportunidades potenciais

A maior oportunidade provável reside na utilização dos conhecimentos tradicionais de base dos QS para satisfazer os requisitos dos clientes. Isto é consistente com as conclusões de estudos anteriores no sector, nomeadamente o de Smith (2004, p.12), que afirma que "os QSP devem ter conhecimentos profissionais suficientes nas competências e aptidões essenciais do profissional e devem continuar a desenvolver esses conhecimentos". A segunda oportunidade futura mais bem classificada é o desenvolvimento de novas aptidões e competências para satisfazer as necessidades e expectativas dos clientes. Estas duas oportunidades potenciais são vistas pelos profissionais como tendo um grande impacto nas suas práticas, funções e estratégias futuras. Isto significa que os PSQ podem obter vantagens competitivas utilizando as suas competências essenciais e desenvolvendo novas competências que sejam relevantes para o contexto do sector.

A maioria das outras oportunidades foi considerada como tendo um nível de impacto provável entre moderado (3) e elevado (4) na escala de cinco pontos. A terceira maior área de oportunidades potenciais no estudo foi a diversificação para áreas de construção relacionadas, como as infra-estruturas. Este facto não surpreende, uma vez que se trata de um tema muito debatido na literatura e é consistente com as conclusões de Haron e Abdullah (2006) e Smith (2010). A quarta maior oportunidade potencial identificada pelos PSQs são os sistemas de Gestão da Informação e do Conhecimento. Isto é semelhante às conclusões de Davis et al (2007) e Haron e Abdullah (2006), que sublinham a importância dos sistemas de gestão do conhecimento nas práticas de SQ para capturar, armazenar e disseminar os activos de conhecimento para melhorar o profissionalismo, como fonte de vantagem competitiva e aumentar a rentabilidade. Os sistemas de gestão da informação podem facilitar o armazenamento e a recuperação de informações e conhecimentos para o PQS (Smith, 2004).

A oportunidade futura percebida com a classificação mais baixa é o BIM, que é um dos principais temas propostos na literatura como uma oportunidade. É de notar que a natureza pequena das práticas de SQ em Santa Lúcia pode levar a esta classificação. Isto também sugere que os profissionais em Santa Lúcia não estão dispostos a investir em inovações tecnológicas em evolução, como o BIM, que podem redefinir as suas funções ou fronteiras tradicionais, como defendem alguns autores (Olatunji et al., 2010; Nagalingam et al, 2013). A expetativa dos clientes em relação aos produtos verdes (construção sustentável) é a segunda área com menor perceção de oportunidades potenciais para os profissionais. Isto pode refletir o facto de os profissionais não terem abraçado totalmente a agenda da sustentabilidade que é defendida pelo RICS.

4.3.4.3.2. Ameaças potenciais

A recessão económica e a desaceleração foram vistas pelos profissionais como a maior ameaça potencial (iminente) às suas práticas. Isto está de acordo com Frei (2010) que afirma que a crise financeira global teve e continua a ter efeitos devastadores no mercado internacional da construção e nos avaliadores de quantidades que nele operam. Isto pode sugerir que os QSPs são da opinião de que a recessão económica prevalecente levará a uma baixa procura dos seus serviços. A segunda maior ameaça identificada pelos PSQs foi a falta de rentabilidade das suas práticas, consistente com as opiniões de Boon (2008) e Frei e Toor (2009). Este ponto de vista pode ser motivado pela reflexão dos PSQ sobre a recessão económica, que pode tê-los impedido de baixar a sua estrutura de custos abaixo da dos seus concorrentes (Boon, 2008). Os PSQs também podem ser da opinião de que as suas margens de lucro já são baixas e qualquer redução adicional pode levar à falta de rentabilidade, o que pode impedir o investimento necessário em tecnologia (Smith 2004; 2006) e levar ao desaparecimento da prática de SQ.

A terceira maior ameaça potencial identificada pelos PSQs foi a de outros profissionais que prestam serviços tradicionais de SQ. Este facto está de acordo com os resultados da literatura internacional que indica que os PSQs têm encontrado a sua posição ou quota de mercado a ser prejudicada por profissionais rivais (Smith 2004; Davis et al, 2007; Frei, 2009). Tem havido um reconhecimento crescente de que a profissão de QS está ameaçada pela incursão e invasão de outros profissionais da indústria nas funções tradicionais de levantamento de quantidades, tais como a gestão de custos de projectos (smith 2004; Frei, 2009).

Os profissionais identificaram a falta de reconhecimento da SQ no sector como a quarta maior ameaça potencial à sua prática. Este facto corresponde às conclusões de Smith (2004) e Frei e Mbachu (2009).

O BIM foi visto como a menor ameaça potencial para a prática de SQ. Isto é um reflexo da natureza da profissão de SQ em Santa Lúcia, com um grande número de pequenas práticas com até cinco funcionários. A implementação do BIM trouxe muitos desafios: novos requisitos em termos de competências; formação e aumento das despesas para os consultórios; e adaptação aos papéis tradicionais (Nagalingam, 2013), aos quais os QSP se estão a agarrar agora e no futuro imediato.

Muitos dos autores proeminentes (Smith, 2004; Frei e Mbachu, 2009; Ofori e Toor, 2009) destacaram a mudança das necessidades e expectativas dos clientes e a concorrência baseada em honorários como a maior ameaça à profissão e à prática da SQ. Ambas as ameaças foram consideradas pelos PSQ como sendo as seis maiores, com uma pontuação média de 3,5, que se situa entre um impacto moderado e um impacto elevado.

4.3.4.3.3. Estratégias empresariais

Os PSQ de Santa Lúcia identificaram as estratégias empresariais que tencionam adotar para obter ou manter uma vantagem competitiva e melhorar o desempenho empresarial. Os PSQ consideraram a estratégia baseada nas competências de base como a mais importante para o sucesso futuro da sua prática profissional. Este ponto de vista é coerente com os pontos de vista anteriores expressos pelos inquiridos na primeira fase do inquérito, as entrevistas, segundo os quais as competências essenciais tradicionais dos PQS constituem a sua maior oportunidade potencial num futuro próximo. Isto pode sugerir que os PSQ são da opinião de que podem gerir e utilizar os seus pontos fortes internos, que incluem as suas competências essenciais, para explorar as principais oportunidades externas e evitar ou minimizar as ameaças externas, a fim de superar os seus concorrentes. Estes resultados são consistentes com as conclusões da fase de entrevista.

A segunda estratégia mais importante percepcionada pelos PSQ é a estratégia de crescimento. Isto aplica-se ao facto de os PSQ poderem planear utilizar as estratégias de crescimento na expansão das suas funções para aumentar o volume de negócios (Arditi et al., 2008) e, em última análise, satisfazer as exigências cada vez mais diversificadas dos clientes. Estas estratégias podem ser alcançadas através da interação dos seus serviços principais e alargados com os clientes actuais e potenciais. A penetração no mercado, a expansão dos serviços e a expansão do mercado são exemplos de estratégias de crescimento.

A estratégia de diversificação para áreas de construção relacionadas foi considerada a terceira mais importante no futuro, o que é consistente com as opiniões de Smith (2004). Os PSQ terão de manter e melhorar as suas competências nucleares e desenvolver novas competências para ganhar vantagem competitiva, o que está de acordo com a filosofia da capacidade dinâmica defendida por Teece et al (1997). As novas competências podem ser aproveitadas pelos PSQ para entrarem em novos segmentos de mercado relacionados com a construção.

A diferenciação dos serviços é a quarta estratégia mais utilizada pelos PSQ. Este facto é semelhante às conclusões de Jennings e Betts (1996). Isto pode sugerir que os PQS em Santa Lúcia compreendem a importância da criação de valor para os seus diferentes clientes (estratégicos) (Johnson e Scholes, 1999), de modo a obterem satisfação. Entretanto, a estratégia menos importante para os PQS é a diversificação para áreas não relacionadas. Isto pode refletir o facto de os PQS em Santa Lúcia não estarem preparados para empreender estratégias de risco tão elevado.

O quadro 4.14 apresenta a classificação das estratégias empresariais.

Tabela 4.14 Classificação das estratégias empresariais pelos PSQ

Estratégia empresarial	**Média**	**Classificação**
Estratégia baseada nas competências de base	4.35	1
Estratégias de crescimento	3.85	2
CS - estratégias de liderança de custos	3.54	5
CS- estratégias de diferenciação	3.65	4
CS- estratégias de focalização	3.50	6
Estratégias inovadoras	3.50	6
Estratégias globais	3.31	8
Diversificação - relacionada	3.69	3
Diversificação - não relacionada	2.77	9

CS- Estratégia Competitiva

4.4. Resumo do debate

O estudo empírico apresentado neste documento foi efectuado em Santa Lúcia. No entanto, a maioria dos inquiridos eram profissionais seniores com experiência de trabalho nos mercados regionais e internacionais da construção. Por conseguinte, demonstraram uma boa compreensão das principais tendências no contexto económico global e da indústria da construção. Os resultados desta investigação serão valiosos para os PSQ e para os académicos, tanto em Santa Lúcia como noutros países. É de notar que os PSQ em Santa Lúcia pretendem fazer corresponder as suas capacidades estratégicas ou dinâmicas (competências essenciais e novas) às exigências do seu ambiente (Johnson et al., 2008; Teece et al 1997). Os resultados revelaram que os PQS precisam de desenvolver as competências necessárias para se adaptarem ao ambiente empresarial dinâmico. Isto indica que os PQS precisam de colocar grande ênfase na fase de desenvolvimento de competências do ciclo de vida das competências, em que procurariam a aprendizagem ao longo da vida (Draganidis e Mentzas, 2006), como a formação, o DPC e a educação.

Ao triangular as conclusões dos dois métodos de investigação (entrevistas e questionário), podemos constatar que os PSQ de Santa Lúcia consideram que as suas funções nucleares tradicionais são as mais importantes. Os conhecimentos tradicionais de base dos PSQ e o desenvolvimento de novas aptidões e competências são as oportunidades percepcionadas, de acordo com a perspetiva de Nkado (2000), a perspetiva baseada nas competências e a perspetiva baseada nos recursos de Prahalad e Hamel (1990). De acordo com Nkado (2000), a eficácia dos PSQ no sentido de satisfazer as necessidades dos clientes no ambiente construído de uma economia em desenvolvimento (como Santa Lúcia) é influenciada pelo reconhecimento e aplicação de competências relevantes para o contexto. A recessão económica e a política são ameaças fundamentais que provavelmente terão impacto na profissão de QS no futuro. Além disso, a estratégia baseada nas competências de base é a mais importante que consideram dever seguir para obter vantagens competitivas no futuro. Isto reforça o seu ponto de vista de que as competências essenciais actuam como uma plataforma a partir da qual se pode construir e evoluir para novas funções.

5. Conclusões e investigação futura

5.1. Conclusões da investigação

Em resumo, o estudo efectuou uma avaliação crítica do papel dos PSQ em Santa Lúcia no contexto de um ambiente empresarial em mutação. Os resultados mostram que as competências tradicionais, que definiam em grande medida o papel principal do PSQ, foram classificadas como as competências mais importantes pelos PSQ em Santa Lúcia. Para apoiar o papel tradicional ou o papel baseado nas competências nucleares, os resultados mostram que os PQS indicaram que devem colocar grande ênfase na análise do ambiente interno da organização e na prossecução de uma estratégia baseada nas competências nucleares. Os resultados também mostram que os PSQ devem encarar o seu papel no futuro de uma forma mais estratégica para se tornarem líderes ou gestores no sector.

Nesta investigação, as conclusões podem ser tiradas no âmbito de cada um dos seguintes objectivos de investigação:

1. Avaliar a evolução do papel dos avaliadores de quantidades no ambiente construído/indústria da construção:

O papel dos QSPs mudou lentamente e está a girar em torno do papel tradicional dos QS. A quantificação e o cálculo dos custos das obras de construção, o controlo financeiro do projeto, a elaboração de relatórios e a avaliação são considerados as funções mais importantes dos PSQ.

Em Santa Lúcia, o papel tradicional dominará a profissão de QS. Continuará a ser altamente relevante na prática futura dos QSP. Os QSPs concordaram que todas as seis competências tradicionais são muito importantes para a sua prática. Estas são, por ordem de importância: quantificação e cálculo dos custos das obras de construção, controlo financeiro do projeto e relatórios, aquisições e concursos, prática de contratos, planeamento de custos e tecnologia de construção e serviços ambientais.

As funções evoluídas tornaram-se moderadamente aceites na prática dos QS. A avaliação, os serviços de consultoria e a administração de contratos são considerados as competências mais importantes no âmbito das funções evoluídas dos PSQ. As metodologias e técnicas de investigação são as menos importantes para a prática da SQ.

No que diz respeito ao papel emergente, os PSQ consideram que é o papel menos aceite na sua prática. Reconhece-se que a avaliação do custo total de vida e as competências de gestão estratégica e de liderança estão a emergir e que se prevê que venham a crescer no futuro. A gestão BIM é a função ou competência emergente menos importante do PSQ.

As competências importantes identificadas pelos profissionais nesta investigação devem ser destacadas e desenvolvidas e complementadas por formação, DPC e educação.

2. Identificar e avaliar as forças ambientais e os seus efeitos sobre os inspectores de quantidades (QSP) e a profissão em Santa Lúcia:

O ambiente de negócios no qual o PSQ opera tem forças que têm um impacto significativo nas suas funções agora e no futuro. Em termos de forças ambientais, o estudo revela que os factores organizacionais internos (recursos e competências) foram considerados como tendo o impacto mais provável na prática de SQ no futuro. Isto sugere que os PSQ reconhecem a importância de adaptar as suas competências, recursos e outras capacidades às mudanças no ambiente empresarial para obter vantagens competitivas e melhorar o seu desempenho empresarial. Também reconhecem a importância de desenvolver e manter as suas competências profissionais através de actividades de aprendizagem ao longo da vida, tais como formação, educação, DPC e profissionalismo, e como fonte de melhoria da sua prática.

A perceção dos PQS sobre a análise dos ambientes interno e externo varia entre moderadamente importante e extremamente importante. Por ordem de importância, a análise organizacional interna e a análise SWOT são consideradas pelos PSQ como as mais importantes. No entanto, confirmou-se ainda que a maioria dos PQS/práticas de SQS não tem uma forma sistemática formal de efetuar as análises do ambiente empresarial, mas precisa de desenvolver e atualizar as suas competências em gestão estratégica e liderança, a fim de aumentar a sua orientação estratégica e o seu pensamento estratégico.

3. Identificar e avaliar as principais ameaças e oportunidades com que se defrontam os PSQ e a profissão em Santa Lúcia:

Os conhecimentos básicos tradicionais de QS e o desenvolvimento de novas aptidões e competências foram considerados os mais importantes para a prática de QS. Para além destas, as oportunidades-chave prováveis para a prática de SQ em Santa Lúcia, classificadas por ordem decrescente de impacto, incluem a diversificação para áreas relacionadas com a construção; a gestão da informação e do conhecimento e a colaboração e parceria e o investimento noutros avanços em TI e TIC.

O estudo identifica as principais ameaças à prática da SQ em Santa Lúcia, classificadas por ordem de impacto provável, como a recessão económica e a recessão, a falta de rentabilidade, outros profissionais que prestam serviços tradicionais de SQ, a falta de reconhecimento da SQ e a escassez de competências.

4. Identificar as estratégias que os PSQ poderiam adotar para responder às oportunidades e ameaças externas e as suas capacidades estratégicas para moldar o seu papel futuro:

A estratégia baseada nas competências de base, as estratégias de crescimento, a diversificação para áreas relacionadas com a construção e a estratégia de diferenciação são consideradas pelos PSQ como as estratégias empresariais mais importantes para a sua prática futura.

Finalmente, os QSPs precisam de monitorizar e avaliar o seu ambiente de negócios, especialmente o ambiente da indústria da construção, para que possam ser proactivos em vez de reactivos ao lidar com as oportunidades, desafios e ameaças colocados pelo ambiente. Os QSPs podem alavancar as suas competências distintivas ou nucleares para se tornarem líderes e gestores no sector da construção no futuro, como sugerido por Ofori e Toor (2009). Isto exige que desenvolvam e potenciem competências transversais, como a gestão estratégica e a competência de liderança, através da aprendizagem ao longo da vida e prestando atenção aos seus ciclos de vida de desenvolvimento de competências.

5.2. Limitações e investigação futura

O tempo e os recursos constituíram as limitações do estudo de investigação. Além disso, a investigação limitou-se aos pontos de vista expressos pelos profissionais de SQ em Santa Lúcia. No entanto, devido à validade do estudo, à extensa revisão da literatura, à gestão da conceção e do processo de investigação e à minimização dos vieses da investigação, os investigadores e os profissionais podem utilizar estes resultados para generalizar para além de Santa Lúcia.

O ambiente empresarial em que os PSQ estão a operar é dinâmico e, por isso, recomenda-se que, no futuro, seja realizada mais investigação no sector da construção em Santa Lúcia e que esta seja replicada noutros países, utilizando os mesmos instrumentos de investigação para testar as conclusões desta investigação e para proporcionar uma visão mais global do assunto. Além disso, existe a possibilidade de realizar mais investigação para testar as conclusões deste estudo numa população e numa amostra de maior dimensão. Além disso, podem ser realizados outros estudos para obter as percepções e opiniões dos clientes sobre o papel dos avaliadores de quantidades.

6. Referências

Abdullah, F., & Haron, I. (2007). Perfil da prática de levantamento de quantidades na Malásia. *Actas da Conferência Internacional da Indústria da Construção.* Universidade Bung Hatta, Padang, Indonésia.

Abidin, N.Z., Yusof, N., Hassan, H. & Adros, N. (2011). Aplicação de estratégia competitiva em empresas de levantamento de quantidades: Um processo em evolução. *Asian Journal of Management Research, 2*(1), 61-73.

ACCA, The Association of Chartered Certified Accountants (2001). *Information Analysis*, Berkshire; Kaplan Publishing UK.

ACCA, The Association of Chartered Certified Accountants (2008). *Business Analysis*, Berkshire: Kaplan Publishing UK.

ACCA The Association of Chartered Certified Accountants (2012). *Gestão avançada do desempenho, P5.* Londres: BPP Learning Media Ltd.

Anago, I. (2006) The QS and road map to the future. *Actas da 22ª Conferência Bienal do Instituto Nigeriano de Avaliadores de Quantidade,* Calabar, Nigéria.

Ansoff, H. I. (1979). *Strategic Management.* Londres: The MacMillan Press Ltd.

Ansoff, H. I. (1984). *Implanting Strategic Management.* Englewood Cliffs: Prentice hall International.

Ercan, T. (2012). Effects of Competitive Strategies on Building Production Innovation in Construction Companies, *World Academy of Science, Engineering and Technology* 67.

Arditi, D., Polat, G. e Makinde, S. A. (2008). Marketing Practices of U.S. Contractors. *Journal of Management in Engineering, 24*(4), 255-264.

Arslan, G., Kivrak, S. & Tankisi, M. (2009). Factors Affecting marketing Success for Construction Companies in the Housing Setor, *5th International conference on Construction in the 21st Century (CITC-V)*, Collaborating and Integration in Engineering, Management and Technology, May 2022, 2009, Istanbul, Turkey.

Ashworth, A. (2004). *Cost Studies of Buildings* (4ª Ed.). Inglaterra: Pearson Education Limited.

Ashworth, A. & Hogg, K. (2002). *Willis's Practice and Procedure for the Quantity Surveyor* (11ª Edição). Oxford: Blackwell Publishing.

Ashworth, A. & Hogg, K. (2007). *Willis's Practice and Procedure for the Quantity Surveyor* (12ª ed.). Oxford: Blackwell Publishing Ltd.

Ashworth, A. & Hogg, K. (2013). *Willis's Practice and Procedure for the Quantity Surveyor* (12ª ed.). Oxford: John Wiley & Sons Ltd, Wiley-Blackwell.

Azhar, S., Hein, M., & Sketo, B. (2010). *Modelação da Informação da Construção (BIM): Benefits, Risks and Challenges (Benefícios, Riscos e Desafios).* Alabama: McWorther, Escola de Ciências da Construção.

Azhar, S., Khalfan, M. & Maqsood, T. (2012). Building information modeling (BIM): now and beyond. *Australasian Journal of Construction, 12*(4), 15-28.

Barney, J. B. (1995). Looking inside for competitive advantage. *Academy of Management Executive, 9*(4), 49-61.

Bennett, N. & Nalewaik, A. (1992). Intersecção e Divergência em CE, QS e PM: Competencies, Qualifications and professional Recognition, *International Cost Engineering Council (ICES) Region*, 1 keynote Speech.

Betts, M., & Ofori, G. (1994). Planeamento estratégico para a vantagem competitiva na construção: as instituições. *Construction Management and Economics, 12*(3), 203 - 217.

Bell, J. (1999). *Doing Your Research Project* (3ª Edição). Berkshire: Open University Press.

Bell, J. (2005). *Doing Your Research Project* (4ª Edição). Berkshire: Open University Press.

Bell, J. (2010). *Realizar o seu projeto de investigação: A Guide for the First-time Researchers in Education, Health and Social Science* (5th edn.). Berkshire: Open University Press, Mc Graw-Hall Education.

Blaxter, L, Hughes, C. & Tight, M. (2006). *How to Research* (Terceira edição). Buckingham, Philadelphia: Open University Press.

Blaxter, L, Hughes, C. & Tight, M. (2001). *How to Research* (Segunda Edição). Buckingham, Philadelphia: Open University Press.

Bigliardi, B., Dormio, A.I. & Galati, F. (2010). As TIC e a gestão do conhecimento: um estudo de caso italiano de uma empresa de construção. *Measuring Business Excellence, 14*(3), 16-29.

BIS (2012). *Benchmarking UK Competitiveness in the Global Economy*, Department for Business Innovation and Skills (BIS). Economic Paper No. 9, Londres, Reino Unido.

Birnie, J. & Yates, A. (1996). *Procurement choice - implications for the quantity surveying profession*. Obtido em 9 de agosto de 2008, de http://www.rics.org/Practiceareas/Builtenvironment/Quantitysurveying/procurement _choice_19960101.html.

Boon, J. (2008). Management of New Zealand Quantity Surveying Practices: Um estudo longitudinal. *Actas da Conferência RICS COBRA 2008,* Instituto de Tecnologia de Dublin, 4-5 de setembro.

Boon, J. (2001). New Zealand quantity surveying practices - continuing to adapt in a changing environment. *Actas da Conferência RICS COBRA 2001*, Caledonian University, Glasgow.

Boon, J. (1996). Gestão de práticas de levantamento de quantidades num mercado em mudança. *Actas da Conferência RICS COBRA de 1996*, Universidade de Western England.

Boyatzis, R. E. (1982). *The Competent manager: A Model for Effective performance*. Nova Iorque: Wiley.

Boyatzis, R. E. (2008). Competências no século XXI. *Journal of Management Development*, *27*(1), 5-12.

Braun, V. e Clarke, V. (2006). Utilização da análise temática em psicologia. *Investigação Qualitativa em Psicologia, 3*(2), 77-101.

Brett, D. M. (2007). *Doing a Successful research Project using Qualitative or Quantitative Methods*. Basingstoke: Palgrave Macmillan.

Bryman, A. (2006). Integrar a investigação quantitativa e qualitativa: como é que se faz? *Investigação Qualitativa, 6*(1), 97-113.

Bryman, A. (2012). *Social Research Methods* (Quarta ed.). New York: Oxford University Press

Bryman, A. e Bell, E. (2011). *Business research methods* (terceira ed.). Oxford: Oxford University Press.

Burnside, K. & Westcott, A. J. (1999). Market trends and developments in QS services, *Actas da Conferência RICS COBRA* de 1999, RICS, Coventry.

Burtonshaw-Gunn, S. A. (2009). *Risk and Financial Management in Construction*. Surrey: Gower Publication Ltd

Blythe, J, (2005). *Essentials of marketing* (3ª ed.). Harlow: Pearson Education Limited

Campbell, A. & Luchs, K. S. (1997). *Core Competency-Based Strategy* (1ª Edição). Londres: International Thamson Busienss Press.

Campbell, D., Stonehouse, G. & Houston, B. (2002). *Estratégia Empresarial: Introdução* (2nd Edition). Oxford: Butterworth-Heinemann.

Cartlidge, D. (2002). *New aspects of quantity surveying practice*. Oxford: Butterworth Heinemann

Cartlidge, D. (2006). *New aspects of quantity surveying practice* (2ª Edição). Londres: Butterworth-Heinemann.

Cartlidge, D. (2009). *Quantity Surveyor's Pocket Book* (Primeira Edição). Elsevier Ltd. Oxford: Butterworth-Heinemann.

Carnall, C. A. (2007). *Managing Change in Organizations* (5ª ed.). Harlow: Pearson Education Ltd.

Chan, P. W. & Moehler, R. C. (2008). Construction Skills Development in the UK: transitioning between the formal and inform, *CIB Joint International Symposium: transforming through construction,* Heriot-Watt University, Edinburgh

Chan, E. H. W., Chan, M. W., Scott, D., & Chan, A. T. S. (2002). Educar os profissionais da construção do século XXI. *Journal of Professional Issues in Engineering Education and Practice, 128*(1), 44-51.

Cheah, C. Y. J., Kang, J. & David A. S. Chew, D. S. A. (2007). Strategic analysis of large local construction firms in China (Análise estratégica de grandes empresas de construção locais na China). *Construction Management and Economics*, 25(1), 25-38.

Chong, B. L., Lee W. P. & Lim, C. C. (2012). The Roles of Graduate Quantity Surveyors in the Malaysian Construction Industry, *2012 International Conference on Management and Education Innovation IPEDR* vol.37, Singapore: IACSIT Press

CIPFA, The Chartered Institute of Public Finance and Accountancy (2002). *Business Strategy and*

Management. London: CIPFA.

Collis e Hussey (2003). *Business Research: A Practical Guide for Undergraduate and Postgraduate Students* (2nd edition). Nova Iorque: Palgrave Macmillan

Conselho da Indústria da Construção (CIC) (2009). The Impact of the Recession on Construction Professional Services (O Impacto da Recessão nos Serviços Profissionais de Construção), realizado pelo IFF Research para o Construction Industry Council e o Construction Skills

Cox, A & Townsend, M. (1998). *Strategic Procurement in Construction.* Londres: Thomas Telford.

Creswell, J. W. (2009). *Research Design: Qualitative, Quantitative, and Mixed Methods Approaches* (3.ª edição). Londres: SAGE

Creswell, J. e Plano Clark, V. (2007). *Designing and conducting mixed methods research.* Thousand Oaks, CA: Sage.

Cunningham, T. (2011). Professionalism and Ethics: A Quantity Surveying Perspective, *Instituto de Tecnologia de Dublin,* Escola de Economia Imobiliária e da Construção.

Dada, J. O. & Jagboro, G. O. (2012). Core skills requirement and competencies expected of quantity surveyors: perspectives from quantity surveyors, allied professionals and clients in Nigeria, *Australasian Journal of Construction Economics and Building, 12*(4), 78-90.

Dansoh, A. (2005). Prática de planeamento estratégico das empresas de construção no Gana. *Construction Management and Economics, 23*(2), 163-168.

Davis, R., Watson, P., & Man, C.L., (2007). Gestão do conhecimento para a profissão de topógrafo. *Actas da Semana de Trabalho da FIG.* Hong Kong SAR, China 13-17 de maio de 2007.

David, F. R. (2011). *Strategic Management: Concepts and Cases* (13ª edição). Upper Saddle River, Nova Jersey: Pearson Education, Inc., Prentice Hall.

D'Aveni, R. (1995). *Hypercompetitive Rivalries*, Nova Iorque: Free Press.

Denscombe, M. (2003). *The Good Research Guide: for small-scale social research projects* (Segunda edição). Inglaterra: McGraw Hill, Open University Press.

Denscombe, M. (2010). *The Good Research Guide: for small-scale social research projects* (quarta edição). Berkshire: Open University Press.

Denzin, N.K. (1970) Strategies of multiple triangulation, em N.K. Denzin (ed.) *The Research Act in Sociology: A Theoretical Introduction to Sociological Method.* Nova Iorque: McGraw-Hill, pp. 297-313.

Dikmen, I.; Birgonul, M. T. & Ozcenk, I. (2005). Marketing orientation in construction firms: Evidence from Turkish contractors. *Building and Environment 40*, 257-265.

Draganidis, F. e Mentzas, G. (2006). Gestão baseada em competências: uma análise dos sistemas e abordagens. *Information Management & Computer Security, 14*(1), 51 - 64.

Dunston, R., Lee, A., Lee, A., Matthews, L., Nisbet, G., Pockett, R., Thistlethwaite, J. & White, J. (2009). *Educação interprofissional em saúde na Austrália: O caminho a seguir.*

Easterby-Smith, Thorpe, R. e Lowe, A. (2002). *Management Research: An Introduction* (2nd ed). Londres: Sage

Egan, J. (1998). *Rethinking construction.* Londres: Ministério do Ambiente, dos Transportes e das Regiões.

Fanous, A. (2012). Surveying the Field: Changes in Quantity Surveying. Disponível online: https://www.smashwords.com.

Fong, P.S.W. & Choi, S.K.Y. (2009). The processes of knowledge management in professional services firms in the construction industry: a critical assessment of both theory and practice. *Journal of Knowledge Management, 13*(2), 110-126.

Frei, M. (2009). A New Zealand perspective on the Future of Quantity Surveying in New Zealand: Likely Changes, Threats and Opportunities, NZ.

Frei, M. e Mbachu, J (2009). The Future of Quantity Surveying in New Zealand: Likely Changes, Threats and Opportunities, *13st Pacific Association of Quantity Surveyors Congress (PAQS.)*, (pp. 50-62) Kuala Lumpur, Malaysia.

Frei, M. (2010). Implications of the Global Financial Crisis for The Quantity Surveying Profession. Disponível online em http://www.icoste.org/Frei.pdf

Ganah, A., Pye, A., e Walker, C. (2008). Marketing in Construction: opportunities and challenges for SMEs, *The construction and building research conference of the Royal Institute of Chartered Surveyors - COBRA* 2008, Dublin.

Governo de Santa Lúcia, GOSL (2013). *Economic and Social Review 2012 of St. Lucia*, Castries:

Gabinete de Imprensa do Governo de Santa Lúcia. Recuperado de:

https://www.finance.gov.lc/resources/download/1991

Gray, D. E. (2004). *Doing Research in the Real World.* Londres: Sage Publications.

Greene, J. C., Caracelli, V. J., e Graham, W. F. (1989). Toward a concetual framework for mixed-method evaluation designs. *Educational Evaluation and Policy Analysis, 11*(3), 255-274.

Hamel, G. & Prahalad, C. K. (1994). *Competing for the Future.* Boston: Harvard Business School Press.

Hannagan, T. (2005). *Management Concepts and Practices* (3th Edition). Harlow: Pearson Education Ltd. Prentice Hall.

Hannagan, T. (2007). *Gestão: Concepts and Practices* (5ª Edição). Harlow: Pearson Education Ltd. Prentice Hall.

Hardie, M., Miller, G., Manley, K., & McFallan, S. (2005). The Quantity Surveyor's role in innovation generation, adoption and diffusion in the Australian construction industry. *Actas da Semana de Investigação da QUT*, 4 a 8 de julho, Brisbane, Austrália.

Haron, H., & Abdullah, J.V.T. (2006). Drivers of change: new challenges for the Quantity Surveyors. In *proceedings of the International Conference of Construction Industry 2006*, University Teknologi, Malaysia.

Hoffmeister, K., Cigularov, K. P., Sampson, J., Rosecrance, J. C. & Chen, P. Y. (2011). Uma perspetiva sobre mentoria eficaz na indústria da construção. *Leadership & Organization Development Journal, 32*(7), 673 - 688.

Hogg, K. (1999). Gestão do valor: uma oportunidade falhada? *Actas da Conferência RICS COBRA de 1999*. Universidade de Nottingham Trent. Nottingham, Reino Unido.

Agência Internacional da Energia (AIE) (2010).Certificação do desempenho energético dos edifícios: Uma ferramenta política para melhorar a eficiência energética. Paris: OCDE/AIEA.

Jagun, O. (2006). New opportunities for Quantity Surveyors in Nigeria business environment (Novas oportunidades para os inspectores de quantidade no ambiente empresarial da Nigéria). *Actas da 22ª Conferência Bienal do Instituto Nigeriano de Avaliadores de Quantidade,* Calabar, Nigéria.

Jennings, M. J. & Betts, M. (1996). Competitive strategy for quantity surveying practices: the importance of information technology. *Journal of Engineering, Construction and Architectural Management, 3*(3), pp. 163-186.

Johnannesson, J. & Palona, I. (2010). The Dynamics of Strategic Capability. *International Business Research, 3*(1), Reino Unido.

Jokinen, J, (2005). Global leadership competencies: a review and discussion. *Journal of European Industrial Training, 29*(3), 199-216.

Johnson, G. & Scholes, K. (1999). *Exploring Corporate Strategy: Text and Cases* (5ª ed.). Harlow: Pearson Education Ltd.

Johnson, G. & Scholes, K. (2002). *Exploring Corporate Strategy: Text and Cases* (6th ed.) Harlow: Pearson Education Ltd.

Johnson, G., Scholes, K., & Willingtion, R. (2005). *Exploring Corporate Strategy: Text and Cases* (7ª edição). Harlow: Pearson Education Ltd. Prentice Hall.

Johnson, G., Scholes, K., e Willingtion, R. (2008). *Explorando a estratégia corporativa: Text and Cases* (8ª edição.). Harlow: Pearson Education Ltd. Prentice Hall.

Kaiser, S. e Ringlstetter, M. J. (2011). Gestão estratégica de empresas de serviços profissionais: Theory and Practice. Nova Iorque: Spring

Kast, F. & Rosenzweig, J. (1974). *Organization and management: a systems approach* (2ª edição). Nova Iorque, NY: McGraw Hill Inc.

Kelly, D. (2007). Australia versus UK. *Construction Contractor*, 1 de outubro de 2007.

Kelly, J., Morledge, R. e Wilkinson, S. (2002). *Best Value in Construction*. Oxford: Blackwell Science Ltd.

Fellows, R. & Liu, A. (2008). *Research Methods for Construction* (3rd Edition). Oxford: Blackwell Publishing Ltd, Reino Unido

Kennedy, S., & Akintoye, A. (1995). Quantity Surveyor's role in design and build procurement method. *Actas da Conferência RICS COBRA de 1995*, RICS.

Krishnaswamy, O. R. & Satyaprasad, B.G. (2010). *Business Research Methods*. Mumbai, Índia: Himalaya Publishing House.

Kulatunga, U., Amaratunga, D., & Haigh, R. (2007). Performance Measurement in the Construction Research and Development. *International Journal of Productivity and Performance Management, 56*(8), 673-688.

Lansley, P. R. (1987). Corporate Strategy and Survival in the UK Construction Industry, *Construction Management and Economics* 5(2), 41-155.

Latham, Sir Michael (1994). Constructing the Team Londres, Her Majesty's Stationary Office (HMSO).

Lee, S., Trench, W. e Willis, A. (2011). *Willis's Elements of Quantity Surveying*. Sussex: Willey-Blackwell.

Lenard, D. (2000). Future Challenges in Cost Engineering: Creating Cultural Change through the Development of Core Competencies, *AACE International Transactions*.

Lenz, R. T. (1980). Strategic Capability: A Concept and Framework for Analysis. *The Academy of Management Review, 5*, 225-234.

Leveson, R. (1996). Podem os profissionais ser polivalentes? *Gestão de Pessoas, 2*(17), 36-39.

Likert, R. (1932). A Technique for the Measurement of Attitudes (Uma Técnica para a Medição de Atitudes). *Archives of Psychology, 140*, 553.

Ling, F., Ibbs, C.W. & Cuervo, J.C. (2005). Estratégias de entrada e de negócio utilizadas por empresas internacionais de arquitetura, engenharia e construção na China. *Gestão e Economia da Construção, 23*(5), 509-520.

Low, S. P. & Kok, H. P. (1997). Formulação de um marketing mix estratégico para inspectores de quantidade. *Marketing Intelligence & Planning, 15*(6), 273-280.

Low, S.P. & Tan, S.L. (2002). Relationship Marketing: A Survey of QS Firms in Singapore, *Construction Management and Economics, 20*(8), 707-721.

Lynch, R. (2003). *Corporate Strategy* (3rd edition). London: Prentice Hall International.

Maarouf, R. & Habib, R. (2011). Quantity surveying role in Construction Projects-a comparison of roles in Sweden and the UK, University.

McGaw, H. (2007). Marketing of the Quantity Surveying Profession in Australia, Tuner and Townsend QS consultancy, Austrália.

Miles, M. B. & Huberman, A. M. (1994). *Qualitative Data Analysis* (2nd ed). Thousand Oaks, CA: Sage

Publications.

Morledge, R. (2002). Procurement Strategies, em Keely, J., Morledge, R. e Wilkinson, S. (editores), *Best Value in Construction*, Oxford: black well, Science Ltd, pp.172-220.

Murphy, R. (2011). *Strategic Planning in Irish Quantity Surveying Practices*. (Grau de Doutor em Administração de Empresas), Heriot-Watt University, Edinburgh Business School.

Murphy, R. (2013) Strategic planning in construction professional service firms: a study of Irish QS practices. *Gestão e Economia da Construção*, 31(2), 51-166.

Musa, N. A., Oyebisi, T.O. e Babalola (2010). A Study of the Impact of Information and Communications Technology (ICT) on the Quality of Quantity Surveying Services in Nigeria (Estudo do Impacto das Tecnologias da Informação e da Comunicação (TIC) na Qualidade dos Serviços de Levantamento de Quantidades na Nigéria). *Revista eletrónica sobre sistemas de informação nos países em desenvolvimento (EJISDC)*, 42(7), 1-9.

Nagalingam, G., Jayasena, H. S. & Ranadewa, K. A. T. O. (2013) Building Information Modelling and Future Quantity Surveyor's in Sri Lankan Construction Industry, *The Second World Construction Symposium 2013: Socio-Economic Sustainability in Construction,* 14 - 15 de junho de 2013, Colombo, Sri Lanka.

Nadler & Tushman M. L. (1988). A model for diagnosing organizational behavior, in Tushman M. L. and More W. L. (eds), *Readings in the management of Innovation*, New York: Ballinger, pp. 718-732.

Matipa, W.M., D. Kelliher & M. Keane (2008). Como um avaliador de quantidades pode facilitar a gestão de custos na fase de projeto utilizando um modelo de produto de construção. *Construction Innovation, l8*(3), 164 - 181.

Nkado, R.N (2000). Competências dos avaliadores profissionais de quantidade numa economia em desenvolvimento. Actas da 2ª Conferência Internacional sobre Construção nos Países em Desenvolvimento. Cairo, Egito.

Nkado, R. & Meyer, T. (2001). Competências dos avaliadores profissionais de quantidades: Uma perspetiva sul-africana. *Gestão e Economia da Construção, 19*(5), 481-491

Odeyinka, H. A. (2008). An Evaluation of Quantity Surveying Software Usage in Northern Ireland. *COBRA 2008*.

Odusami, K. T., & Ene, G. U. (2001). Tackling the Shortage of Construction Skills in Nigeria; A Paper Presented at 2-Day National Seminar Organized by *Nigeria Institute of Quantity Surveyors* on the theme: Vision20:2020: Desenvolvimento Estratégico da Indústria no Âmbito dos Objectivos de Desenvolvimento Nacional, em Abuja, entre 22 e 23 de março de 2011.

Ofori, G. & Toor, S. R. (2009). Role of Leadership in Transforming the Profession of Quantity Surveying. *The Australasian Journal of Construction Economics and Building, 9*(1), 37-44.

Ojo, A, S (2010). Avaliar o Nível de Desenvolvimento Profissional Contínuo dos Profissionais da Indústria da

Construção das Seychelles, *Conferência RICS COBRA*, 2nd a 3 de setembro, Dauphine Universite' Paris.

Oladapo, A. A. (2006). The Impact of ICT on Professional Practice in the Nigerian Construction Industry, *The Electronic Journal on Information Systems in Developing Countries (EJISDC)*, *24*(2), 1-19.

Olanipekun, A.O., Aje, I.O. & Abiola-Falemu, J.O. (2013). Efeitos da cultura organizacional no desempenho das empresas de levantamento de quantidades na Nigéria. *Revista Internacional de Humanidades e Ciências Sociais, 3*(5), 206-215.

Olatunji, O., Sher, W. & Gu, N. (2010). Building information modeling and quantity surveying practice. *Emirates Journal for Engineering Research, 15*(1), 67-70.

Oyegoke, A.S. (2006). Gerir as expectativas do cliente na entrega do projeto - um estudo comparativo do sistema de entrega. *Actas da 22ª Conferência Bienal do Instituto Nigeriano de Avaliadores de Quantidade.* Calabar, Nigéria.

Oyediran, O. S. (2006). The 21st Century Quantity Surveying and University Education, *NIQS 22nd Bienniel Conference*, Calabar, Nigéria, 22 de novembrond - 25th.

Page, M., Pearson, S., & Pryke, S. (2001). Innovation, business strategy and the quantity surveying firm in the UK (Inovação, estratégia empresarial e a empresa de medições no Reino Unido). *Actas da Conferência RICS COBRA 2001*, Caledonian University, Glasgow.

Page, M., Pearson, S., & Pryke, S. (2004). Innovation and current practice in large UK quantity surveying firms. *Série de Documentos de Investigação da Fundação RICS.* RICS.

Paz, S. (2008). *Partnering in construction*. Biblioteca dos Gestores de Construção, Leonardo da Vinci: PL/06/B/F/PP/174014, Salford

Pheng, L. S. e Chuan, Q. T. (2006). Factores ambientais e desempenho profissional dos gestores de projectos na indústria da construção. *Jornal Internacional de Gestão de Projectos, 24*(1), 2437.

Pheng, L. S., e Ming, K. H. (1997). Formulating a strategic marketing mix for Quantity Surveyors. *Marketing Intelligence and Planning, 15*(6), 273 - 280.

Phua, F.T.T. (2004). Modelação dos factores determinantes do sucesso de projectos multiformes: uma exploração fundamentada das diferentes perspectivas dos participantes. *Construction Management and Economics, 22*(5), 451-459.

Polat, G. & Donmez, U. (2010). Marketing management functions of construction companies: evidence from Turkish contractors, *Journal of Civil Engineering and Management 16*(2), 267277.

Poon, J. (2003). Ética profissional para topógrafos e desempenho de projectos de construção: o que precisamos de saber. *Actas da Conferência de Investigação sobre Construção e Edificação (COBRA)*, Fundação Royal Institution of Chattered Surveyors (RICS).

Porter, Michael E. (1979). How Competitive Forces Shape Strategy, *Harvard Business Review*, *57*(2), 137-145.

Porter, M. E. (1980). Competitive Strategy: Techniques for Analyzing industries and Competitors, Nova Iorque: Free Press.

Potts, K. (2004). *Gestão dos custos de construção: Learning from Case Studies*. Nova Iorque: Taylor and Francis.

Prahalad, C. & Hamel, G. (1990). The core competence of the corporation. *Harvard Business Review, 68*(3), 379-91.

Prahalad, C.K. e Hamel, Gary (1994). A estratégia como campo de estudo: Porquê procurar um novo paradigma? *Strategic Management Journal, 15*(2), 5-16.

Preece, C.N., Moodley, K. & Smith, P. (2003). *Desenvolvimento do sector da construção: Meeting new challenges, seeking opportunity*. Londres: Butterworth Heinemann.

Punch, K.F. (2005). *Introdução à investigação: Quantitative and Qualitative Approaches* (2nd ed.). Londres: Sage Publications.

Rahmani, F. (2009). Importance of the Quantity Surveyors for public sector organizations in the prevailing recession, RMIT University, *Property, Construction and Project management*, Melboune Australia.

Ribeiro, F. L. (2009). Melhorar a gestão do conhecimento nas empresas de construção. *Inovação na Construção, 9(3),* 268 - 284.

Robson, C. (2002). *Real World Research* (2ª edição). Oxford: Blackwell Publishers Ltd.

Robson C. (2011). *Real world research,* (3ª edição*).* Chichester: John Wiley and Sons Ltd.

Royal Institution of Chartered Surveyors (RICS). (1971). The Future Role of the Quantity Surveyor. London: Quantity Surveying Division, RICS.

Royal Institution of Chartered Surveyors (RICS) (1984). The Future Role of the Quantity Surveyor. London: Quantity Surveying Division, RICS.

Royal Institution of Chartered Surveyors (RICS) (1991). The Future Role of the Chartered Quantity Surveyor - QS 2000. London: Quantity Surveying Division, RICS.

RICS (2006). *APC/ATC Requirements and competencies, Quantity Surveying and Construction*, Londres: RICS.

Royal Institute of Chartered Surveyors (RICS) (2007). *Surveying sustainability: a short guide for the property professional*. Londres: The Royal Institution of Chartered Surveyors (RICS), pp. 124.

RICS (2008). *APC/ATC Requirements and competencies, Quantity Surveying and Construction*. Londres: RICS, Grupo de Ambiente Construído.

RICS (2009a). *Nota de orientação: Sustainability and the RICS property life cycle*. Londres: RICS.

Royal Institute of Chartered Surveyors [RICS] (2009b). *RICS new rules of measurement: order of cost estimating and elemental cost planning* (1ª ed). Londres: Royal Institute of Chartered Surveyors.

Royal Institution of Chartered Surveyors. (2013). *APC Requirements and Competencies (Requisitos e Competências APC)*. Londres: RICS.

Said, I., Shafiei, W. M. & Omar, A. (2010). The competency requirements for Quantity Surveyors: Enhancing continuing professional development, ACTA Technica Corviniensis, Bulleting of Engineers. Obtido de

Saunders, M. N. K., Lewis, P. & Thornhill, A. (2009). *Métodos de investigação para estudantes de gestão*. (5th Ed.). Harlow: Pearson Education Ltd.

Saunders, M. N. K., Lewis, P. & Thornhill, A. (2012). *Métodos de investigação para estudantes de gestão*. (6th Ed.). Harlow: Pearson Education Ltd.

Schutt, R. K. (2006). *Investigating the social world: the processes and practices of research* (5ª edição). Califórnia: Sage Publications.

Seah, E. (2009). Sustainable Construction and the Impact on the Quantity Surveyor, 13th Pacific

Congresso da Association of Quantity Surveyors. Disponível em:

http://www.academia.edu/1160074/SUSTAINABLE_CONSTRUCTION_AND_THE_IMPACT _SOBRE_O_PESQUISADOR_DE_QUANTIDADE

Senaratne, S. & Sabesan, S. (2008). Gerir o conhecimento como inspectores de quantidade: Um estudo de caso exploratório no Sri Lanka. *Built-Environment - Sri Lanka, 8*(2).

Seeley, I. H. (1997). *Quantity Surveying Practice* (Segunda Edição). London: Macmillan Press Ltd.

Sekaran, U. (2003). *Research Methods for Business: A Skill-Building Approach* (4ª ed.). Nova Iorque: John Wiley & Sons, Inc.

Shafiei & Said, I (2008). The Competency Requirement for Quantity Surveyors: Enhancing Continuing Professional Development. *Sri Lankan Journal of Human Resource* management, 2(1).

Shen, Q., Li, H., Shen, L. Derek, D. & Jacky, C. (2003). Benchmarking the use of information technology by the QS profession. *Benchmarking, 10*(6), 581-596.

Shen, Q. & Chung, J. K. H. (2007). The use of information technology by the quantity surveying profession in Hong Kong. *Jornal Internacional de Gestão de Projectos, 25*(2), 134-142.

Shields, P.M, & Tajalli, H. (2006). Teoria intermediária: The Missing Link in Successful Student Scholarship. *Journal of Public Affairs Education 12*(3), 313 - 334.

Siugzdiniene, J. (2006). *Competency Management in the Context of Public management Reform*, Centro Regional de Brastislava para a Europa e a CEI, PNUD.

Singh J. & Begum D. (2012). Education, Information Literacy and Lifelong Learning: Three Pillars of Nation Building in the Emerging Knowledge Society, *Bangladesh Journal of Library and Information Science, 2*(1), 48 -56.

Smith, P. (2001). Information Technology and the QS Practice. *The Australian Journal of Construction*

Economics & Building, 1(1), 1-21.

Smith, P. (2004). Trends in the Australian quantity surveying profession: 1995 - 2003. *International Roundup, 19*(1), 1-15.

Smith, P. (2010). Quantity Surveying Practice in Australia and the Asia-Pacific Region (Prática de levantamento de quantidades na Austrália e na região Ásia-Pacífico). *Actas do Congresso da FIG de 2010: Facing the Challenges - Building Capacity*, Sydney, Austrália, 11-16 de abril.

Succar, B., (2009). Quadro de modelação da informação da construção: Uma base de investigação e fornecimento para as partes interessadas do sector. *Automação na Construção, 18*(3), 357-375.

Synodinos, N. E. (2003).The "art" of questionnaire construction: some important considerations for manufacturing studies. *Sistemas Integrados de Produção, 14*(3), 221 - 237.

Tatum, C. (1989). Managing for Increased Design and Construction Innovation. *Journal of Management in Engineering, ASCE, 5*(4), 385-399.

Teece, D. & G. Pisano, G. (1994). The dynamic capabilities of firms: an introduction. *Industrial & Corporate Change, 3*(3), 537-556.

Teece, D.J., Pisano, G. & Shuen, A. (1997). Dynamic capabilities and strategic management. *Strategic Management Journal, 18*(7), 509-533.

Toor, S. & Ofori, G. (2008). Desenvolvendo Profissionais da Construção do Século XXI: Renewed Vision for Leadership. *Journal of Professional Issues in Engineering Education and Practice, 134*(3), 279-286.

Thayaparan, M., Siriwardena, M., Malalgoda, C., Amaratunga, D. & Kaklauskas, A. (2011). Lifelong Learning and The Changing role of Quantity Surveying profession, *The Proceeding of 15 th Pacific Association of Quantity Surveyors Congress,* 23 - 26 July 2011, Colombo, Sri Lanka.

Tuner, M. & Hulmes, D. (1997). Ambientes Organizacionais: Comparisons, Contracts and Significance, capítulo dois em *Governance, Administration and Development*, Macmillan.

Tse, T.K., & Wong, K.A. (2004). Um estudo de caso da norma ISO13567 para a medição automática de quantidades em Hong Kong. *ITcon*, 9, 1 - 18.

UKCES (2012). *Setor Skills Insights: Construction*. Londres: Comissão do Reino Unido para os Empregadores e as Competências, Relatório de Provas 50.

Universidade de Salford (UoSa) (2012). *Introdução à Indústria da Construção e à Medição de Quantidade, Pacote de Aprendizagem 1*, Salford: UoS Universidade de Salford.

Universidade de Salford (UoSb) (2012). *Strategic Procurement and Supply Chain Management*. Salford: Universidade de Salford.

Universidade de Salford (UoS) (2013). *Módulo de nível de mestrado - Métodos de investigação*. Salford: Universidade de Salford.

Verster, B. (2004). Internacionalização de aptidões, competências e serviços de qualidade por parte de engenheiros de custos, avaliadores de quantidades e gestores de projectos. *International Roundup*, 19, 1.

Wetherly, P. e Otter, D. (2011). *O ambiente de negócios: Themes and Issues* (2nd Edition). Oxford: Oxford University Press.

Wheelen, T. L., & Hunger, D. L. (2012). *Gestão estratégica e política empresarial: Toward Global Sustainability* (13ª edição). Upper Saddle River, Nova Jersey: Pearson Education.

Wilkinson, S. (1995). Mudança na natureza das práticas de QS na Nova Zelândia. *Actas da Conferência RICS COBRA de 1995*. RICS Edinburgh, Reino Unido.

Willis, C.J., Ashworth, A. & Willis, J.A. (1994). *Practice and Procedure for the Quantity Surveyor* (10ª Ed.). Oxford: Blackwell Science.

Williams, A. & Woodward, S. (1994).*The competitive consultant: a client-oriented approach for achieving superior performance*, Macmillan.

Xue, X., Shen Q. & e Zhaomin Ren, Z. (2010). Revisão crítica do trabalho colaborativo em projectos de construção: Ambiente de Negócios e Comportamentos Humanos. *Journal of Management in Engineering, 26*(4), 196-208.

Apêndices

Appendix 1: Aprovação ética - Declaração

Eu, **Sylvester Joseph Sonson,** considerei as questões éticas envolvidas neste trabalho e, subsequentemente, obtive aprovação ética antes de realizar o trabalho de campo do estudo de investigação. Além disso, certifiquei-me constantemente de que a investigação era realizada de uma forma que reflectisse os bons princípios da prática de investigação ética. Por conseguinte, estes requisitos validaram a apresentação da minha dissertação.

Appendix 2: Evolução cronológica da economia da construção (Ashworh, 2004, p.29)

Data	**Desenvolvimentos de edifícios**	**Outros desenvolvimentos**	**Prática**
Pré - década de 1960	Boletim de construção: Estudo de custos (1957) Livros de preços de construção Painel de Investigação de Custos do RICS	Boom da construção no pós-guerra	Estimativa aproximada Listas de quantidades Contas finais.
1960s	Estudos de custo dos elementos Limites e subsídios de custo Relação custo-benefício na construção Serviço de informação sobre os custos de construção O Grupo Wilderness	Análise custo-benefício	Facturas de elementos Facturas operacionais Cortar e baralhar Planeamento de custos Fraseologia standard
1970s	Custo de utilização Modelação de custos Estimativa do empreiteiro Controlo dos custos	Convenções de medição Coordenação de datas Informação sobre manutenção de edifícios	Contas de computador Métodos de fórmula de ajustamento dos preços Previsão de fluxos de custos Engenharia e construção;
1980s	Cálculo dos custos do ciclo de vida Explosão de dados de custos Técnicas de engenharia de custos Exatidão das previsões Engenharia de valor	Informação coordenada sobre o projeto Sistemas de adjudicação de contratos Comparações europeias Análise do sector da construção Responsabilidade por um único ponto	Gestão de projectos Controlo dos custos pós-contratuais Procedimentos contratuais Reclamação contratual Conceção e construção
1990s	Gestão de valor Análise de risco Sistemas de qualidade Sistemas periciais	Gestão de instalações Revolução comercial Mercado único europeu Sustentabilidade dos	Concurso de taxas Diversificação

		edifícios Tecnologias da informação	Esbatimento das fronteiras profissionais Avaliação do desenvolvimento
2000s	Avaliação comparativa Valor acrescentado na construção e na conceção Custeio ao longo da vida	TI na construção Gestão do conhecimento	Repensar a construção Construção enxuta Gestão de instalações

Apêndice 3A: Oportunidades e ameaças externas do ambiente macroeconómico

Oportunidades	Ameaças
Política Os PSQ podem aumentar a sua participação em questões de política pública com impacto na sua função e no sector, como o desenvolvimento da sustentabilidade.	**Política** Alterações desfavoráveis da legislação Alterações de vários regulamentos de construção Imposição pelo governo de novos impostos (IVA); As alterações legislativas e as iniciativas políticas influenciam a procura de competências no sector da construção, a fim de cumprir os regulamentos e a legislação.
Económico Os governos devem continuar a investir fortemente em infra-estruturas e obras públicas para estimular as obras de construção e as suas economias em geral. Os PSQ podem especializar-se em serviços nos principais sectores e subsectores da construção a preços mais elevados, sempre que exista potencial de crescimento (Frei, 2010; UKCES, 2012) e diversificação de serviços, tais como serviços de sustentabilidade, serviços de resolução de litígios, serviços de gestão de custos, etc. (Frei, 2010). Os serviços de gestão de instalações resultam de uma mudança do trabalho novo para a reparação e manutenção (CIC, 2009). Oportunidades no mercado global no futuro (BIS, 2012). Uma vez que a ênfase dos clientes está no resultado final, os QSs têm a oportunidade de mostrar as suas capacidades avançadas de gestão de custos (Frei, 2010). É provável que haja um maior enfoque no desempenho e no custo de toda a vida útil dos edifícios e infra-estruturas, particularmente no que diz respeito a questões de utilização de energia (CIC, 2009). Isto significa que os QSs têm a oportunidade de utilizar os seus conhecimentos e competências em matéria de cálculo de custos WLLC.	**Económico** A crise financeira global, que conduziu a uma recessão económica, teve e continua a ter um impacto negativo no sector global da construção e nos QSs (Frei, 2010), como se segue: • Diminuiu a taxa de crescimento do sector (CIC, 2009); • Diminuição do emprego e da produção no sector da construção; • A redução da procura de serviços profissionais no sector da construção (como o QS) está a atingir um ponto baixo; • Cortes no investimento de capital e nos orçamentos de Estado e a contração dos mercados de crédito; • Baixa incerteza económica; • A confiança dos consumidores está a níveis fracos (CIC, 2009).

Social	Social
As novas tendências sociais estão a criar um tipo diferente de consumidor e, consequentemente, uma necessidade de produtos diferentes, serviços diferentes e estratégias diferentes (David, 2011). As redes sociais criam oportunidades de negócio para os SQ se comercializarem (David, 2011). Respeitar a ética profissional e comercial para proteger a reputação e a imagem da QS.	As necessidades, expectativas e exigências dos clientes estão a mudar e a expandir-se rapidamente (Thayaraparan et al, 2011; Cartlidge, 2002); De um modo geral, as competências e aptidões essenciais da profissão de QS e a qualidade dos diplomados estavam a diminuir (smith, 2004; lay, 1998 citado em Chong et al, 2012); A prática não ética resultante de uma ameaça de interesse próprio é aquela em que os interesses próprios de um PSQ obscurecem a objetividade e a necessidade de agir com integridade. As ameaças de intimidação podem ocorrer quando um PSQ pode ser dissuadido de agir objetivamente devido a ameaças reais ou percebidas por parte do cliente que o induziu. Este facto terá um impacto negativo na profissão de QS.

Apêndice 3B: Oportunidades e ameaças externas do ambiente macroeconómico

Oportunidades	Ameaças
Factores tecnológicos	**Factores tecnológicos**
• As TI e as TIC avançadas permitiram aos PSQ oferecer melhores (e diversificados) serviços aos seus clientes, aumentar as oportunidades de negócio através de serviços alargados e melhorar a sua produtividade (Smith , 2000 e 2004); e aumentar a colaboração com outros peritos em equipas multidisciplinares (Frei e Mbachu 2009). • O AutoCAD, o modelo Whole Life Cycle Costing (WLCC) e o Building Information Modeling (BIM) são exemplos de tecnologias de informação inovadoras utilizadas no sector da construção e pelos PSQ. Estas novas tecnologias têm o potencial de proporcionar vantagens competitivas através do aumento das oportunidades e da redução dos custos (Olatunji, at el., 2010). • O BIM pode proporcionar um quadro de colaboração entre todas as partes envolvidas no projeto, permitindo o livre fluxo de dados sobre o que está a ser concebido e como será construído. A utilização colaborativa do BIM tira o máximo partido das capacidades do BIM.[8] Esta abordagem integrada e	• Uma das ameaças mais documentadas ao enfraquecimento da posição da topografia quantitativa é o enfraquecimento da modelação tradicional dos custos e do papel tradicional pelos avanços das TI e das TIC (Cartlidge, 2002, Smith 2004 citado em Frei e Mbachu, 2009). • Chong (2012) citou que o Desenho Assistido por Computador (CAD) (Frei, 2009), e a atitude de conservadorismo ou incapacidade de mudança em relação à aplicação da Tecnologia da Informação (Shen et al., 2003; Smith, 2004), podem ser considerados como ameaças aos profissionais de SQ. • A aplicação da Modelação da Informação da Construção (BIM) para ajudar no desempenho das funções dos QS colocou-lhes desafios. Olatunji et al (2010) argumentam que o BIM desafia o papel tradicional dos técnicos de medição e a sua relevância no sector da construção. Também argumentam que o potencial do BIM para automatizar a medição de quantidades pode ameaçar as exigências dos clientes relativamente aos

8 http://www.out-law.com/en/topics/projects-construction/projects-ancl-prociirement/biiilcling- modelação da informação/

colaborativa da construção trouxe maior eficiência e harmonia entre os intervenientes que, no passado, se viam demasiadas vezes como adversários (Azhar, S et al., 2012). • Uma prática de SQ pode explorar o negócio eletrónico para proporcionar oportunidades de desempenho empresarial e de melhoria dos processos. As TIC podem permitir que as entidades (QSs) aumentem as suas actividades de marketing utilizando o negócio eletrónico (e-business) para melhorar a sua produtividade, eficiência e desempenho empresarial (ACCA, 2007).	serviços de levantamento de quantidades.

Apêndice 3C: Oportunidades e ameaças externas do ambiente macroeconómico

Oportunidades	Ameaças
Ambiental	**Ambiental**
• De acordo com Ofori e Toor (2009), o impulso para o desenvolvimento sustentável oferece a oportunidade para os avaliadores de quantidades irem além do seu atual enfoque nos custos e assumirem a liderança na área da viabilidade económica global dos itens construídos, que incorpora a questão da sustentabilidade. • Como parte da equipa do projeto de construção, os QSPs estão numa posição única para desenvolver as suas competências essenciais e fornecer apoio e aconselhamento em qualquer ou todos os aspectos da sustentabilidade no ambiente construído (RICS, 2007). • Os PSQ podem desempenhar um papel importante na gestão de catástrofes, incluindo as fases de preparação, de rescaldo imediato e de reconstrução. As competências dos PSQ em matéria de gestão financeira, gestão de projectos de construção, aquisições, gestão de riscos e avaliação do desenvolvimento são vitais nas áreas de gestão de catástrofes.	Os efeitos das alterações climáticas continuam a ser mais regulamentos de sustentabilidade O RICS (2009a) afirma que os agrimensores (de quantidade) estão a enfrentar um novo desafio de abraçar as implicações práticas da sustentabilidade. Os efeitos sobre as alterações climáticas estão a conduzir a um quadro regulamentar cada vez mais rigoroso em matéria de sustentabilidade das emissões de carbono (CIC, 2009). As TI exigem que os QSP desenvolvam novas aptidões e competências.
Factores jurídicos	**Factores jurídicos**
• O reforço das aptidões e competências deve permitir-lhes compreender as leis, regulamentos e normas existentes e novas, bem como a melhoria das melhores práticas, e avaliar o seu impacto nos projectos de construção e no seu ambiente. • O sistema de classificação de edifícios verdes LEED dos EUA constitui uma oportunidade para acelerar a adoção global de práticas sustentáveis de construção e desenvolvimento verdes através da criação e aplicação de ferramentas e critérios	• A aplicação de disposições novas ou modificadas de requisitos legais ao seu trabalho e os custos de conformidade. Por exemplo, o Novo Regulamento de Medições, que entrará em vigor em 2013, exige mais informações aos profissionais da construção, incluindo os PSQ. • As novas regras de medição do RICS baseiam-se na prática do Reino Unido, mas os requisitos para um conjunto coordenado de regras e a filosofia subjacente a cada secção têm

de desempenho universalmente compreendidos e aceites.	aplicação mundial. No entanto, nem todas as secções são aplicáveis a todas as jurisdições.

Appendix 4: Oportunidades e ameaças decorrentes do ambiente competitivo

Oportunidades	**Ameaças**
• Parcerias e colaboração. É possível que a colaboração entre organizações (potenciais concorrentes ou fornecedores e clientes) possa ser uma via mais sensata para obter vantagens (Johnson e Scholes, 1999). Isto pode melhorar a sua posição competitiva. Muitos autores expressaram os benefícios da parceria no sector da construção. • TI/SI e TIC. Podem proporcionar aos prestadores de serviços de qualidade uma vantagem em termos de custos em relação aos concorrentes, reduzindo o custo da prestação de serviços, a liderança em termos de informação (ACCA, 2001), com uma marca única através do emarketing, melhorando os processos e aumentando os custos de mudança, aumentando assim a sua competitividade.	• Os avanços das TI são também uma ameaça subjacente e persistente para os SQ e outros profissionais da construção e para a falta de inovação nos métodos de construção. • A evolução das necessidades e expectativas dos clientes e do mercado e do sector da construção • Concorrência intensa ou severa em matéria de taxas, comprometendo o nível de serviço oferecido (smith, 2004; Boom, 1996) • As incursões de outras profissões nos serviços tradicionalmente prestados pelos SQ (Smith, 2004; Davis et al 2007, Frei, 2009). • Mudança e aumento das necessidades de competências da profissão de QS; • Marketing deficiente (Smith 2004)

Appendix 5: Perguntas da entrevista

Dissertação de mestrado sobre: O papel dos avaliadores de quantidade em Santa Lúcia num ambiente em mudança.

A: Funções dos avaliadores de quantidades

1. Considera que o papel dos avaliadores de quantidades mudou em Santa Lúcia à luz da rápida mudança do ambiente empresarial (por exemplo, mudanças na tecnologia, regulamentos, economia, trabalho e práticas comerciais, concorrência, etc.)?

2. Qual é a função **mais importante** para a profissão de técnico de medição? (Função tradicional, evoluída ou emergente)?

3. A que nível (baixo, moderado e elevado) é que as funções evoluídas e emergentes da quantificação serão incorporadas e aceites como parte da sua função de Qs no futuro?

B: Análise e diagnóstico do ambiente empresarial

4. Quais são os factores-chave (políticos, económicos, sociais, tecnológicos, ambientais, jurídicos e competitivos) no ambiente empresarial que tiveram impacto no seu papel e na sua prática e provocaram mudanças na profissão de QS?

5. Analisa periodicamente a sua prática/negócio (em termos de pontos fortes e fracos das competências e recursos essenciais; produtividade, rentabilidade, marketing, qualidade do serviço)?

6. Quais são as principais oportunidades e ameaças para a sua prática e para a profissão de QS?

C: Estratégias empresariais

7. Quais são algumas das principais estratégias que pode adotar para responder às oportunidades e ameaças externas e utilizar as suas capacidades estratégicas (competências essenciais e recursos) para moldar o futuro papel de um avaliador de quantidades?

D: Melhoria do desempenho e comentários gerais

8. Quais são algumas das formas de melhorar a sua PRÁTICA de QS e a profissão de QS em Santa Lúcia?

9. Quais são as suas outras opiniões gerais sobre a profissão de QS? (mentalidade do sector e dos profissionais, qualidade dos trabalhos, reconhecimento da profissão, etc.)?

Appendix 6: Questionário

O papel dos avaliadores de quantidade em Santa Lúcia num ambiente em mudança

Este questionário faz parte da minha metodologia de investigação para recolher dados no âmbito da minha dissertação de mestrado sobre o papel dos avaliadores de quantidades em Santa Lúcia num ambiente em mudança.

Os dados recolhidos só serão utilizados para fins de investigação e serão tratados com o máximo cuidado e confiança.

Instruções: Por favor, responda a **todas as perguntas** colocando um **X** onde for apropriado ou correspondente à sua escolha nas perguntas e afirmações abaixo:

Section 1: Informações pessoais

Esta secção procura obter informações demográficas sobre si e a sua prática.

1. Qual é o seu nível de educação mais elevado?

Diploma BacharelatoPós Diploma

Mestrado profissional ----------

2. Indicar o número de anos de experiência profissional

1 a 5 6 a 10 10 a 15 16 e mais

3. Qual é o cargo que ocupa atualmente?

Profissional liberal/Diretor/ParceiroGerente

Chefe de departamentoEmpregado

4. Quantas pessoas estão atualmente empregadas na sua prática de SQ? ____________

5. Indique o volume da sua carga de trabalho global **atualmente** a ser realizado em cada um dos sectores abaixo indicados:

	Carga de trabalho					
	Por favor, responda a todas as perguntas colocando um **X** no local correspondente à sua escolha	Nenhum	Pequena proporção	Proporção moderada	Grande parte	Percentagem muito elevada
		1	2	3	4	5

1	Edifício de habitação (moradias, apartamentos, etc.)					
2	Edifício não residencial (escritórios, comércio, etc.)					
3	Infra-estruturas (obras civis, estradas, etc.)					

6. Indique como avalia o desempenho da sua clínica nos últimos 3 anos em termos dos seguintes aspectos:

	Desempenho da prática					
	Por favor, responda a todas as perguntas colocando um **X** no local correspondente à sua escolha	Muito Pior	Pior	Mais ou menos o mesmo	Melhor	Muito melhor
		1	**2**	**3**	**4**	**5**
1	Crescimento das vendas/negócios					
2	rentabilidade					
3	Quota de mercado					

Section 2: Papel dos QSs e da profissão

A secção procura informações sobre o papel tradicional, o papel evoluído e o papel emergente no que respeita à sua prática profissional.

Selecione as suas respostas às questões 7 e 8 com base nas seguintes definições:

1. **A função tradicional** envolve os serviços profissionais originais e fundamentais (de base) para os quais o técnico de levantamento de quantidades existia e a profissão de técnico de levantamento de quantidades foi estabelecida.

2. **A evolução do papel** implica as responsabilidades/serviços profissionais adicionais (não tradicionais) que surgiram e foram aceites ao longo do tempo.

3. **O papel emergente** inclui responsabilidades profissionais adicionais (não tradicionais) que estão a ser, ou foram, introduzidas mais recentemente na profissão de técnico de medição.

7. Indique o grau de importância de cada competência (serviço) abaixo indicada para a sua prática profissional ACTUAL.

	Competência para fornecer atualmente					
	Por favor, responda a todas as perguntas colocando um **X** no local correspondente à sua escolha	sem importância	de pouca importância	Moderadamente importante	Muito importante	Extremamente importante
		1	2	3	4	5
a	**Papel tradicional**					
1	Planeamento de custos					
2	Prática contratual					
3	Tecnologia da construção e serviços					

	ambientais					
4	Aquisições e concursos					
5	controlo financeiro dos projectos e elaboração de relatórios					
6	Quantificação e cálculo de custos de obras de construção					
b	**Função Evoluída**					
1	administração de contratos					
2	Gestão de projectos					
3	Gestão de instalações					
4	Gestão do risco					
5	Seguros					
6	Avaliação (propriedade, aluguer, etc.)					
7	Procedimentos de gestão e de resolução de litígios					
8	Avaliação de desenvolvimento/investimento					
9	Metodologias e técnicas de investigação					
10	Serviços de consultoria					
c	**Papel emergente**					
1	Gestão da Modelação da Informação da Construção					
2	Avaliação do custo total de vida					
3	Sustentabilidade					
4	Gestão estratégica e liderança					
5	estudos de gestão de valor					

8. Indique o grau de importância de cada competência (serviço) abaixo indicada para o seu **FUTURO** exercício profissional. (N.B. os serviços que tenciona efetuar no futuro).

	Competências sugeridas para o futuro					
	Por favor, responda a todas as perguntas colocando um **X** no local correspondente à sua escolha	não importante	de pouca importância	Moderadamente importante	Muito importante	Extremamente importante
		1	2	3	4	5
	Papel tradicional					

1	Planeamento de custos					
2	Prática contratual					
3	Tecnologia da construção e serviços ambientais					
4	Aquisições e concursos					
5	controlo financeiro dos projectos e elaboração de relatórios					
6	Quantificação e cálculo de custos de obras de construção					
	Função Evoluída					
1	administração de contratos					
2	Gestão de projectos					
3	Gestão de instalações					
4	Gestão do risco					
5	Seguros					
6	Avaliação (propriedade, aluguer, etc.)					
7	Procedimentos de gestão e de resolução de litígios					
8	Avaliação do desenvolvimento/investimento					
9	Metodologias e técnicas de investigação					
10	Serviços de consultoria					
	Papel emergente					
1	Gestão da Modelação da Informação da Construção					
2	Avaliação do custo total de vida					
3	Sustentabilidade					
4	Gestão estratégica e liderança					
5	estudos de gestão de valor					

9. Com que frequência utiliza os itens abaixo na sua atividade ou prática de levantamento de quantidades?

	As TI nas empresas					
	Por favor, responda a todas as perguntas colocando um **X** no local	Nunca	Raramente	Por vezes	Frequentemente	Muito frequentemente

	correspondente à sua escolha	1	2	3	4	5
1	A Internet					
2	O comércio eletrónico nas empresas					
3	Auto CAD					
4	Microsoft Office (Excel e Word)					
5	Software de aplicação QS					
6	Tecnologias de modelação da informação da construção (BIM)					
7	Outros					

Section 3: Ambiente empresarial

A secção seguinte procura informações sobre os factores do ambiente empresarial que têm impacto no seu papel e na sua prática.

10. Indique o grau de importância de cada um dos elementos abaixo indicados para a sobrevivência e o crescimento da sua empresa.

A análise da indústria da construção e da concorrência envolve a análise dos mercados e segmentos de mercado, a avaliação da força da concorrência no mercado e a identificação e acompanhamento dos principais concorrentes.

	Ambiente empresarial					
	Por favor, responda a todas as perguntas colocando um **X** no local correspondente à sua escolha	sem importância	de pouca importância	Moderadamente importante	Muito importante	Extremamente importante
		1	2	3	4	5
1	Análise do ambiente externo					
	a) análise macroeconómica					
	b) sector da construção e análise da concorrência					
2	Análise da organização interna (recursos e competências)					
3	Pontos fortes, pontos fracos, oportunidades e ameaças (SWOT) Análise					
4	Outros					

11. Indique o nível de impacto provável que cada fator do ambiente empresarial abaixo indicado está a ter na sua prática profissional.

Note-se que as forças competitivas do sector da construção são a concorrência entre empresas de construção, a entrada de novos concorrentes importantes no sector, o poder dos clientes, etc.

	Ambiente empresarial					
	Por favor, responda a todas as perguntas colocando um X no local correspondente à sua escolha	Sem impacto	Pouco impacto	Impacto moderado	grande impacto	impacto muito elevado
		1	2	3	4	5
	Factores ambientais externos					
1	ambiente macroeconómico					
	a) Política (estabilidade e políticas)					
	b) Factores económicos (taxa de crescimento)					
	c) Factores sociais (socioculturais)					
	d) Factores tecnológicos					
	e) Factores ambientais (verdes)					
	f) Jurídico (leis e regulamentos)					
2	Forças competitivas do sector da construção					
3	Factores internos (recursos e competências) - por exemplo, capacidade e acesso ao financiamento.					
3	Outros					

12. Indique o nível de impacto provável que cada oportunidade potencial terá nas suas práticas e estratégias **FUTURAS**.

	Oportunidades					
	Por favor, responda a todas as perguntas colocando um X no local correspondente à sua escolha	Sem impacto	Pouco impacto	Impacto moderado	grande impacto	impacto muito elevado
		1	2	3	4	5
1	Competências QS tradicionais (essenciais)					
2	Desenvolver novas aptidões e competências					
3	Diversificação em sectores relacionados com a construção					
4	Sistemas de gestão da informação e do conhecimento					
5	Modelação da Informação da Construção - BIM					
6	Investimento noutros avanços da informática e das TIC					
7	Colaboração e parcerias - Alianças					

	estratégicas					
8	Métodos alternativos de aquisição					
9	Investigação e desenvolvimento					
10	Utilizar o comércio eletrónico/comércio eletrónico					
11	Marketing					
12	Os clientes esperam produtos ecológicos (construção sustentável)					
13	Outros					

13. Indique o nível de impacto provável que cada ameaça potencial terá nas suas práticas e estratégias FUTURAS.

	Ameaças					
	Por favor, responda a todas as perguntas colocando um **X** no local correspondente à sua escolha	Sem impacto	Pouco impacto	Impacto moderado	grande impacto	impacto muito elevado
		1	2	3	4	5
1	Recessão e recessão económica					
2	Alteração das exigências e expectativas dos clientes					
3	Concurso baseado em taxas					
4	Outros profissionais que prestam serviços tradicionais de SQ					
5	Falta de rentabilidade					
6	Falta de reconhecimento de Qs					
7	Falta de inovação					
8	Modelação da informação da construção					
9	Outros avanços em TI e TIC					
10	Marketing deficiente					
11	Escassez de competências					
12	Outros					

14. Indique o grau de importância de cada um dos itens abaixo para a manutenção da sua competência e prática de levantamento de quantidades.

	Manutenção da competência e da prática profissionais					
	Por favor, responda a todas as perguntas colocando um **X** no local correspondente à sua	sem importância	de pouca importância	Moderadamente importante	Muito importante	Extremamente importante

	escolha	1	2	3	4	5
1	Educação					
2	Formação					
3	Mentoria					
4	Desenvolvimento profissional contínuo					
5	Investigação					
6	Profissionalismo e ética					
7	Outros					

Section 4: Opções estratégicas - Estratégias empresariais

Esta secção destina-se a avaliar a importância das estratégias empresariais para o futuro da sua prática. Para responder à pergunta 15, selecione as suas respostas com base nas seguintes definições:

- **Estratégias de crescimento** - quando uma prática de QS planeia atingir o seu objetivo de crescimento em volume e vendas através da interação entre os seus serviços principais e alargados e os clientes actuais e potenciais. Estão disponíveis quatro estratégias de crescimento - penetração no mercado, expansão (desenvolvimento) do serviço, expansão (desenvolvimento) do mercado e diversificação.
- **Estratégias competitivas** - quando uma prática de SQ tenta atrair clientes para obter uma vantagem competitiva sobre os seus rivais.
- **Estratégias de diferenciação** - quando uma prática de SQ presta serviços que parecem oferecer mais benefícios (em termos de caraterísticas e qualidade) do que os seus concorrentes.
- **Estratégias inovadoras** - em que a prática da QS investe em novas tecnologias inovadoras e em investigação e desenvolvimento para gerar valor e criar vantagens competitivas.
- **Diversificação** - quando uma prática de SQ pode criar novas oportunidades a longo prazo, quer através da expansão para novos mercados geográficos, quer através do desenvolvimento de novos serviços.

15. Indique o grau de importância de cada estratégia comercial para o sucesso **FUTURO** da sua prática profissional.

	Opções estratégicas - Estratégia empresarial	**gies**				
	Por favor, responda a todas as perguntas colocando um **X** no local correspondente à sua escolha	Não é importante	de pouca importância	Moderadamente importante	Muito importante	Extremamente importante
		1	2	3	4	5
1	Estratégia baseada nas competências de base					
2	Estratégias de crescimento					
3	Estratégias competitivas					
	a) Liderança em termos de custos (produtor com					

	custos mais baixos)					
	b) Estratégia de diferenciação					
	c) Estratégias de focalização (mercado-alvo)					
4	Estratégias inovadoras					
5	Estratégias globais (regionais/internacionais)					
6	estratégias de diversificação					
	a) Em domínios relacionados com a construção					
	b) Em domínios não relacionados com a construção					

Obrigado pela vossa participação

Appendix 7: Descrição das competências dos PSQ

	Competência	Resumo das capacidades QS
a	**Papéis tradicionais**	
1	Planeamento de custos e economia de conceção	Compreensão do impacto da conceção e de outros factores no custo ao longo da vida do edifício e controlo dos custos durante a fase de pré-contratação.
2	Prática contratual	Compreensão e capacidade de reconhecer, compreender e interpretar as diferentes vias de aquisição e as várias formas de contrato utilizadas no sector da construção.
3	Tecnologia da construção e serviços ambientais	Compreender a conceção e a construção de edifícios e outras estruturas utilizadas no sector.
4	Aquisições e concursos	Compreensão da forma como um projeto é estruturado e realizado em termos de atribuição de riscos e de relações contratuais e da forma como os processos de concurso são utilizados para estabelecer um preço contratual.
5	Controlo financeiro e elaboração de relatórios dos projectos	Compreender o controlo eficaz dos custos dos projectos de construção durante a fase de construção. Os QSPs devem estar cientes dos princípios de controlo e comunicação de custos em qualquer projeto de construção.
6	Quantificação e cálculo de custos de obras de construção	Compreensão e conhecimento dos métodos adequados de medição e definição das obras de construção, a fim de avaliar e controlar os custos.
b	**Evolução do papel**	
1	administração de contratos	Compreensão dos processos contratuais, legislativos/estatutários e outros necessários à gestão de um projeto.
2	Gestão de projectos	Capacidade para gerir a execução de projectos desde o início até à sua conclusão, utilizando ferramentas, técnicas e competências pessoais adequadas.
3	Gestão de instalações	Compreensão e aplicação dos princípios de gestão de instalações, incluindo estratégias, processos e sistemas.

4	Gestão do risco	Compreender a natureza e a gestão dos riscos nos projectos de construção.
5	Seguros	Compreensão e aplicação de disposições específicas de seguros relacionadas com a propriedade e o desenvolvimento.
6	Avaliação (propriedade, aluguer, etc.)	Compreensão da avaliação de imóveis e terrenos para efeitos fiscais, bancários e outros requisitos comerciais.
7	Prevenção de conflitos, gestão e procedimentos de resolução de litígios	Compreensão e aplicação de uma série de processos relacionados com a prevenção, gestão e resolução de litígios/conflitos em projectos de construção.
8	Avaliação do desenvolvimento/investimento	Compreensão dos princípios e práticas de avaliação do desenvolvimento ou do investimento em projectos de construção.
9	Metodologias e técnicas de investigação	Capacidade para recolher, cotejar e analisar dados adequados e outros materiais.
10	Serviços de consultoria	Capacidade para prestar serviços de consultoria de gestão a uma série de clientes diferentes, desde o início até à conclusão de projectos de construção.
c	**Papel emergente**	
1	Informações sobre o edifício Gestão da modelação	Compreensão dos aspectos técnicos, processuais e colaborativos da utilização da Modelação da Informação da Construção (BIM) em projectos.
2	Avaliação do custo total de vida	Capacidade para avaliar todos os custos e receitas relevantes de um projeto de construção ao longo da sua vida útil.
3	Sustentabilidade	Consciência e compreensão das várias formas em que a sustentabilidade pode ter impacto nos projectos de desenvolvimento e construção.
4	Gestão estratégica e liderança	Aplicar teorias, conceitos, modelos e práticas de nível superior de liderança e gestão num ambiente de construção moderno, incluindo estratégia, tomada de decisões, coordenação e competências de trabalho em equipa.
5	estudos de gestão de valor	Analisa as funções dos projectos com o objetivo de obter o melhor valor com o menor custo global do ciclo de vida para os clientes.

Appendix 8: Formulário de consentimento do participante na investigação

Título do projeto: O papel da topografia quantitativa em Santa Lúcia num ambiente em mudança

Nome do investigador: Sylvester Sonson

Nome do Supervisor: Dr. Udayangani Kulatunga, PhD

➢ Confirmo que li e compreendi a ficha de informação sobre o estudo em causa e qual será a minha contribuição.	**Sim**	**Não**

➢ Foi-me dada a oportunidade de colocar questões (pessoalmente, por telefone e por correio	**Sim**	**Não**

eletrónico)		

> Aceito participar na entrevista	Sim	Não	NA

> Aceito que a entrevista seja gravada	Sim	Não	NA

> Compreendo que a minha participação é voluntária e que posso retirar-me da investigação em qualquer altura, **sem necessidade de indicar qualquer motivo**	Sim	Não

> **Aceito participar no estudo acima referido**	Sim	Não

Nome do participante:	

Appendix 9: Estudo Piloto - Avaliação do Questionário

Formulário de avaliação

Tópico: Papel dos avaliadores de quantidade em Santa Lúcia num ambiente em mudança

Leia e preencha o questionário. Em seguida, dê a sua opinião sobre o mesmo neste formulário. Isto ajudar-me-á a introduzir melhorias antes de realizar o estudo principal.

Mais uma vez, obrigado pela vossa participação no estudo-piloto. Se tiver alguma dúvida ou precisar de mais informações, não hesite em contactar-me através do endereço sjsonson@hotmail.com/1758- 717-4083.

Com os melhores cumprimentos

Sylvester J Sonson

Investigador

Formulário de avaliação - Questionário

Assinale a resposta correta e, se necessário, apresente comentários adicionais no espaço reservado para o efeito.

1. **As instruções foram adequadas e fáceis de seguir?**

o **Sim**

o **Não** ____

Em caso negativo, especificar

2. **As definições e descrições fornecidas foram úteis?**

o Sim

o Não ____

Em caso negativo, especificar

3. Qual é a sua opinião sobre a conceção do questionário?

o **Fraco**

o **Satisfatório**

o **Muito bom**

o **Excelente** ____

Comentários

4. Qual é a sua opinião sobre a clareza das perguntas?

o **Fraco**

o **Satisfatório**

o **Muito bom**

o **Excelente** ____

Comentários

5. Quanto tempo demorou a preencher este questionário? __________________

6. Qual é a sua opinião sobre a extensão do questionário?

o **Demasiado longo**

o **Demasiado curto**

o **Exatamente** ____

Comentários

7. O inquérito contém perguntas irrelevantes para o assunto em questão? o **Sim**

o **Não**

Em caso afirmativo, especificar

8. O inquérito omite alguma questão-chave relacionada com o tema?

o **Sim**

o **Não** ____

Em caso afirmativo, especificar

9. Teve alguma dificuldade em preencher o questionário?

o **Sim**

o **Não** ____

Em caso afirmativo, especificar

10. Por favor, faça quaisquer comentários adicionais sobre o questionário.

Appendix 10: Sistema de gestão de códigos para respostas a entrevistas

Código	Objeto geral	código	Objeto detalhado	Respostas
101	Papel do QSP	101001	Papel tradicional	
		101002	Função Evoluída	
		101003	Papel emergente	
102	Factores externos	102001	Política	
		102002	Económico	
		102003	Social	
		102004	Tecnológico	
		102005	Ambiental	
		102006	Jurídico	
		102007	Competitivo	
103	Factores internos	103001	Competências	
		103002	Recursos	
104	Oportunidades externas	104001	Principais competências QS	
		104002	desenvolver novas aptidões e competências	
		104003	Diversificação relacionada	
		104004	Sistemas de IM e KM	
		104005	BIM	
		104006	Outras TI	
		104007	Parcerias	
		104008	Métodos alternativos de aquisição	
		104009	R & D	
		104010	Outros	
105	Ameaças externas	105001	Recessão económica	
		105002	evolução das necessidades dos clientes	
		105003	Concurso de taxas	
		105004	Profissionais rivais	
		105005	Falta de rentabilidade	

		105006	Falta de reconhecimento da QS	
		105007	Falta de inovação	
		105008	BIM	
		105009	Outros avanços em TI	
		105010	Outros	
106	Estratégia empresarial	106001	Baseado nas competências de base	
		106002	Estratégia de crescimento	
		106003	Liderança de custos	
		106004	Diferenciação	
		106005	Foco	
		106006	Estratégias inovadoras	
		106007	Mundial	
		106008	Diversificação relacionada	
		106008	Diversificação não relacionada	

Printed by Books on Demand GmbH, Norderstedt / Germany